小資藝術投資入門

藝術投資水很深？
其實比你想的更簡單！

黃河、Dr.Selena楊倩琳博士／著

〔第一章〕

藝術投資全球市場的發展現況

〔第二章〕

與其他投資工具的比較

〔第三章〕

小資或上班族學習藝術投資的優點

〔第四章〕

藝術品的種類及分類

〔第七章〕

小資初入門的選擇

〔第八章〕

小資必懂的藝術投資四大好股：
藍籌股，績優股＆成長潛力股，
遺漏珍珠股

〔第九章〕

藝術投資賺錢的
五大投資心法＆五大秘訣

〔第十章〕

聰明避開藝術投資2大陷阱
＆10不買

〔附錄〕**藝術投資重要寶典**

開炒作是本書的另一道亮點！

◎ 「偽作」

　　毫無價值但在台灣每年成交量卻超過30億台幣，因此如何「鑑定」也是我們要教給大家的武功心法！

◎ 「仿作」

　　充斥藝術市場，拍賣會估價也不低，就算行家也搞不清楚，拚命買進，其實張大千祇有一個，「類」張大千都是「裝飾品」形同復製畫（印刷品），沒有任何投資效應！

◎ 「裝飾之作」

　　是「有良心」的藝術家第一個要求，「藝術」早就脫離「美術」，所有的藝術家都知道如何製造「賣相」但是我們要收藏的是有原創性的「高藝相」！

◎ 「風格」

　　是另外一個藝市陷阱，有些藝術家「見好就不收」走進展場祇見一張畫，台灣李安「臥虎藏龍」只拍一集，美國知名大導演——史蒂芬史匹柏也從不重復自己！

本書從「藝術投資」跨到「藝術理財」，首先就是要確認「藝術家」的身份，並且列出值得收藏的「藝術家」十大條件及有流通性「藝術品」的六大特色，畢竟95%的作品都沒有價值！基本上沒有畫廊代理或經營的藝術家無論是在世或已經離世，都不建議收藏，國際知名度超高的名牌藝術家更是「慎入」以免套牢，除非你能完全掌握該名藝術家的創作數量（供需狀況）、市場行情，甚至該地區的藝市結構，尤其是「話術畫家」在台灣大都沒有「流通性」，買進就是永久收藏，藝市學強調祇要價格超過10萬台幣，就應該有保值能力及增值潛力！

　　「藝市學」起源於19世紀，在21世紀才成為國際顯學，共有18個項目影響藝術品的價格，本書立論不僅從「零基礎開始藝術投資」對於藝術界更盼望你成為雙重認證（學術及商業）的藝術家，年薪百萬的拍賣官，得名又得利的收藏家，有鑑價能力的藝術品保險師，為延伸閱讀，本書另有十大附錄，誠然國際藝市學的進程愈來愈快，藝術市場與我們的生活也將愈來愈密切期待本書為你帶來精神及物質的雙重意義！

小資也能輕鬆學習藝術投資

Dr.Selena 楊倩琳

Dr.Selena因為大學念的是商業設計相關科系， 在大學中修過很多的西洋美術史或建築史， 對一些近現代藝術家的作品非常喜歡， 旅行的時候一定也會把握機會去當地知名的博物館及美術館逛逛， 所以目前全球四大博物館及重要的美術館，大概都有Dr.Selena的足跡， 逛美術館及博物館是我非常喜愛的一件事情！

從2017年開始Dr.Selena跟著黃河老師學習藝術投資， 從開始上課， 假日參觀畫廊，及參加藝術博覽盛會， 到實際上每季去拍賣會實際參與拍賣會成功標下幾幅畫開始， 對藝術投資的喜好也越來越高！

因為藝術收藏的藝術品不僅可以美化家裡的居家裝飾、喚

醒我們的審美情趣，每日欣賞它的美好價值。

　　有人說藝術投資總是有錢人的專利，困難的像神話一般，一般人很難進入這個充滿潛在利潤的冒險世界。「我對藝術是門外漢」會有這些疑慮都可以想像、也都是很正常的。但是，自從1970年藝市學興起，佳士得、蘇富比學院，這一類疑慮其實是可以非常容易破解掉。

　　黃河老師以推廣藝市學為一輩子的職志，他始終相信喜歡藝術、進而收藏，投資藝術品不是有錢人的專屬，他希望每一個人都能有機會認識藝術品，並進入到藝術收藏的殿堂，所以當他找我一起合寫全台第一本寫給小資的藝術投資入門書時，我便一口氣答應要攜手合作，希望兩人可以合作寫出一本適合小資族閱讀的藝市學新書！

　　小資要學習藝市學很困難嗎？因為要挑到好畫家的好作品，且要具有增值潛力，這是誰都不敢打包票的；**但藝術投資也可以很簡單，那就是先喜歡畫而買畫，因為有了第一步，接下來，就像學習投資股票般，開始研究股票的基本面、技術面、籌碼面、有沒有利多題材等等**，等功課做足了，膽量大

了，自然就可以輕鬆勇闖藝術市場。

當你開始學習藝市學後，開始慢慢接觸不同藝術家的作品，你會發現好的作品，有時候你用錢也買不到，一切只能和愛情一樣「看緣分」。而且它有感覺，能夠喚醒我們的記憶和人生體驗，收藏這些藝術品之後，更上一層的是滿足「自尊」，尤其在審美的高度背後，還因為是有著豐厚的美學基礎與知識理論支撐，加上人生歷練的累積，達到最最高層次的精神及心理滿足。

更重要的是學習藝術投資過程有機會讓你可以培養出好的眼光，找到未來具有增加五倍甚至十倍以上報酬的好創作，藝術投資是值得學習一輩子的事，每次到博物館、拍賣會就能累積自己的藝術史觀。培養鑑賞家的眼力，這是你此生最棒的價值學習！

既然學習藝市學有這麼多的好處，現在開始跟著黃河老師及Dr.Selena一起進入到藝術市場的新領域吧！

Dr. Selena

第一章

藝術投資
全球市場的
發展現況

↑　達文西《救世主》（圖片來源／佳士得）

一·藝術市場近年的發展

　　根據巴塞爾藝術展及瑞銀集團環球藝術市場報告，在2022年全球藝術銷售持續上揚，年增長3%約達678億美元，帶動市場恢復至超越疫情前2019年的水平。2022年各大藝術展亦紛紛復辦，收藏家逐漸再次出國觀展，藝廊參展之平均數字亦貼近2019年水平。

　　巴塞爾藝術展行政總裁Noah Horowitz表示：「環球藝術市場在2022年持續增長，甚至超出疫情前水平。藝術展週期性活動的再度回歸、藝廊開幕、拍賣活動以及最高端價值市場的豐厚收益，均推動了市場增長。

　　另外Arts Economics創辦人Clare McAndrew表示：「經歷兩年全球疫情的困擾後，隨着銷售和實體活動回歸，2022年標誌着藝術市場首次展現出較為規律的發展勢頭。這一年來拍賣和經銷商領域都創下了不少佳績。

　　然而，不同地區和市場價值的界別表現頗為參差，導致整體增長較為緩慢。不同範疇、地區及價格類別的市場表現有起有落差，令整體增幅稍遜2021年。2022年內帶動所有範疇價

值增長的主要推動力仍然源自高端市場。交易量僅錄得1%的
輕微增長，主要受經銷商銷售回升帶動。

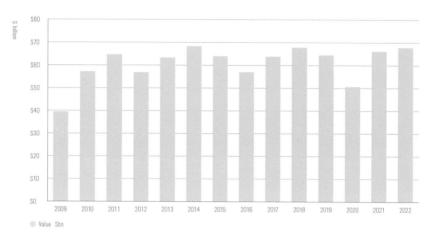

資料來源：第七份《巴塞爾藝術展與瑞銀集團環球藝術市場報告》

二· 藝術投資市場的區域發展現況

◎ 美國為全球領先市場：

美國是所有主要藝術市場中，疫後復甦最為強勁的國家，

銷售按年攀升8%，總額達302億美元，創下歷來最高水平。高端拍賣市場升幅顯著，經銷商銷售亦錄得溫和增長，帶動市場向好。

美國市場銷售價值份額按年增長2%，環球藝術市場佔比45%，穩佔領導地位。

◎ **英國市場**：

英國市場錄得18%的銷售佔比，超越中國重回次位。

儘管本年持續面對政治及金融局勢陰霾，英國仍能維持穩步上升的增長勢頭，銷售升至119億美元，較去年溫和增長5%，但仍低於2019年疫情前122億美元之水平。在薩奇畫廊退出江湖後，達敏‧赫斯特（Damien Hirst）在2008年與蘇富比合作後，亦雄風不再。

◎ **法國市場**：

法國穩佔全球第四大市場位置，環球市佔率為7%。

◎ **中國內地與香港市場**：

中國市場銷售額則微挫3%，佔總體市場17%，中國內地

與香港在2021年顯著復甦，2022年卻面臨更為艱鉅的挑戰，區內總銷售額按年急挫14%至112億美元。有關數字仍較2020年高出13%，卻為2009年以來第二低水平，2023年國際情勢險峻，中國藝術市場面臨系統風險，前景不明。

三・藝術市場的數位新浪潮

① 線上已成為藝術市場的重要一部分

疫情下最顯而易見的，便是「線上」已經成為我們生活的一部分。疫情扮演的角色，無疑地更是加速了這樣的改變。在過往，有些畫廊可以刻意地沒有或極低度地經營網站，但現在完全無法這麼做；而正是線上拍賣的大幅崛起，成為推動2021年市場復甦的關鍵動力。

不僅替藝術市場穩固了成交總額，根據相關調查，越來越多藏家喜歡透過美術館、畫廊，或藝術家個人的Instagram搜尋相關作品，將其視為一種電子作品集的載體，也造成了線上銷售的成績逐漸往上增長的趨勢。

但是藝術市場向來以活動主導，2022年隨著世界逐步解封各大藝術活動漸趨復常，經銷商與拍賣行之電子商貿銷售額亦進一步回落。過去兩年純網上銷售錄得前所未有之增幅，2022年則從2021年的133億美元高位回落，按年下降17%至110億美元，但仍較2019年高出85%。純網上銷售佔2022年藝術市場銷售額的16%，較2020年全盛時期的25%佔比有所下跌。然而市場的線上線下銷售佔比卻未有因跌幅而重回疫情前的比例。隨着業界大舉投資數碼策略以進行藝術交易，收藏家對電子商貿的接受程度亦越高，相信線上線下銷售比例於可見將來仍維持不變。

↑　顏聖哲《十分寮之春》（圖片來源／中華文創學會）

② 非同質化代幣NFT：

非同質化代幣（英語：Non-Fungible Token，簡稱：**NFT**），是一種「眾籌募資」專案的方式，也是區塊鏈（數位帳本）上的一種資料單位。每個代幣可以代表一個獨特的數位資料，作為虛擬商品所有權的電子認證或憑證。由於其不能互換的特性，非同質化代幣可以代表數位資產，比如畫作、藝術品、聲音、影片、遊戲中的專案或其他形式的創意作品都可以涵蓋在內。雖然作品本身是可以無限複製的，但這些代表它們的代幣在其底層區塊鏈上能被完整追蹤，因而能為買家提供所有權證明。

NFT 於2021年大行其道，銷售接近29億美元。不過與藝術相關的NFT活動在2022年大幅減退，藝術市場外的非同質化代幣平台銷售跌至低於15億美元，按年下降接近50％，但仍然比2020年高出70倍。**總體而言，與藝術相關的非同質化代幣銷售價值跌幅遠超其他類別**，2022年以太坊網絡上之藝術銷售僅佔8％（2020年佔比24％）。藝術市場的注意力逐漸轉離價格的攀升及財務回報，轉而關注區塊鏈應用對藝術交易等層面的長遠影響。

③ 展望未來：

NFT在2023逐漸退出藝市，主因有三：

❶ NFT的交易必須以虛擬貨幣進行，因兌換率變動過大，導致藏家損失慘重。

❷ NFT是藝市唯一不具有實體之項目，如果忘記密碼，價值歸零。

❸ NFT已經消失在二級市場，不再具有流通性。

↑　巫登益《碧海生紫煙》（圖片來源／巫登益美術館）

〔第二章〕

藝術投資與
其他投資工具的
比較

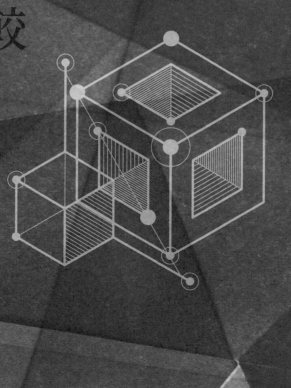

↑ 常玉《八尾金魚》（圖片來源／佳士得）

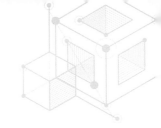

　　近年來，全球投資趨勢有三大標的，分別是「股票」、「房地產」及「藝術品」，而花旗在其研究報告曾經指出，自1985年至2018年，藝術品市場的投資報酬率與固定收益資產大致相當，藝術品逐漸成為全球投資人多角化投資配置工具之一。

　　據統計在過去的30年，標準普爾500增長了930％，金字塔頂端2％的藝術品回報率則高達1560％。另根據追蹤蘇富比、佳世得拍賣的Masterworks.io數據顯示，花旗銀行發現在1985年至2018年間，藝術品市場整體年報酬率為5.3％，當代藝術的投資報酬率最高，平均達7.5％，印象派時期的作品年平均報酬率則為5％。

　　儘管藝術品投資市場可能波動劇烈，但藝術品投資與其他主要資產類別沒有任何關聯性，也就是，藝術品市場與其他主要資產類別完全獨立，其他資產表現興衰漲跌也不會影響藝術品價格。花旗指出：「這是投資藝術品最吸引人的特性。」鑑於藝術品本身的相關特質，比起其他投資工具來講，是個有物質、精神雙重高回報的美好資產。傳承給下一代的財富也更有

特別意義。從這方面來說，藝術品投資不失為一個優質投資工具。

投資專家常常提醒：雞蛋不要放在同一個籃子裡！他們會建議投資人應該要做好相關資產配置，比如說股票、基金、房地產、黃金和藝術投資等不同的投資工具及組合。

但是小資投資人或新手投資人在本身資金有限的情況下，要如何能判斷各種投資工具的差異和優缺點？如何能做出相對低風險、高獲利的聰明選擇？

我們仔細將藝術投資與股票、房地產這三種常見投資管道的為大家比較分析：

① 實體資產與金融資產的差異

讓我們借用一個小小的現代財務管理基本概念，比較容易理解這三種投資工具的屬性。投資市場分成：「實體資產」和「金融資產」兩種，簡單地說，股票屬於「金融資產」，平常都在公開市場上完成交易，價格由明確的市場機制來決定，而且受到相關法規及契約來管理，你所買到的股票證券基本上是一張公司資產價值的證明書。

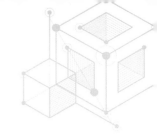

　　而房地產、藝術品則屬於「實體資產」，買賣雙方可以針對自己的需要來溝通和議價， 兩方都同意了就可以成交。「實體資產」又分「動產」和「不動產」， 擁有藝術品的所有人可以隨意支配它的現況， 不動產的所有權就需要轉移證明， 所以買房地產需要登記、轉讓、公證的過程， 買賣藝術品基本上不需要進行任何公證手續。

② 變現率和流通率比一比

　　大部份的小資投資人都關心一件事，那就是「變現率」，畢竟可以轉變為現金才是財富最終的具體表現形式。大家關心的問題是「當我買了一件藝術品後， 想要將它變現容易嗎？」

　　關於變現率，我提供以下這個觀念的簡單說明：「流通和轉讓市場機制越明確、操作規定越詳細而繁複，該投資標的物的變現率和流通率就越高。」所以， 比較三種投資標的物，股票的變現率和流通率最高，房地產次之，藝術品較低。

　　股票屬於短期操作，幾乎天天開市， 股市的震盪起伏可以讓投資者在3~5個月獲利，甚至你可以今天買今天賣（俗稱

當沖），可以有機會在一天之內賺價差。跟股票相比起來房地產就比較慢一些，有買賣房子經驗的人，大多有等待詢價、出價、議價和成交的經驗，需要花時間來確認屋況，也要花時間進行登記、轉讓和公證。

而比較起來藝術品投資是三者中變現率最差的，藝術投資比較趨向於「價值投資」，一件藝術作品增值，可能花上5年，甚至10年之久，沒有人能保證，因此，比較屬於中、長期的投資佈局，這就考驗投資者預測藝術價值的知識力、鑑賞力和當下敢購買的果斷力。

③ 投資報酬率比一比

根據標準普爾指數（S&P500 index）所公布的相關數據，全球股市從1920年到2000年的紀錄，80年中間的平均報酬率為13.4%，在表現最好的1950~1959年間，這10年的平均報酬率是20.8%；關於房地產的紀錄，根據美國房地產指數來看，美國的平均報酬率是6.5%，而最高的報酬率是14.4%；相較之下，**藝術品的投資報酬率非常可觀，台灣地區的年報酬率，遠遠高於股票和房地產！**

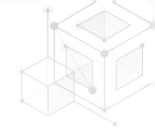

　　花旗的研究顯示，持有藝術品的時間越長，越能降低未來報酬的風險。因為藝術品能輕易打敗通膨，所以是適合各種時期的財富儲存工具。

④ 資訊取得方便性比一比

　　股票和藝術投資有相似處，也有不同處；相同之處在於，投資股票和藝術品，都必須很用心地做功課，而藝術投資的專業知識，涉及到藝術史及藝術市場結構，尤其是近年來高淨值人士及超級大畫廊的增加速度遠遠超過藝術家的養成速度，因此所牽涉的層面又比房市及股市複雜。

　　比較起來投資股票可以用數學分析的方式來研究相關資訊，譬如本益比、股價淨值比算出合理的股價，但藝術品相對起來非常的主觀，比較無法用任何公式算出，只能由市場機制及收藏經驗衡量，而這也是藝術投資報酬率相對較高的主因。

　　亦即比起股票和房地產市場，藝術投資其實更需要學習。

　　藝術品投資是資訊相對較不透明，且品項多又少有公定價格。而且性質多屬於中長期投資，例如藝術基金一般都有三年閉鎖期，投資人不能贖回。

藝術投資不是有錢就可投入的，這是智慧型投資，要花時間培養美學眼光，更要瞭解藝術史，還要有藝術圈人脈關係。

　　所以比較三種投資工具，股票的資訊透明度高於房地產，房地產又高於藝術投資，藝術品市場的資訊相對神秘！

⑤ 附加費用比一比

　　從投資交易所需的附加費用來看，股票的附加費用最低通常項目為手續費、交易稅；房地產的附加費用最高，一般來說需要裝潢費、修繕費，又有地價稅、增值稅等。藝術品也需要保險、鑑定，或參與拍賣的手續費、藝術投資顧問的諮詢費等，但總的來說低於房地產的所有附加費用。

⑥ 市場自主性比一比

　　所謂的「市場自主性」是指：投資標的物的價格變化受到非市場內部因素影響的程度。比較三種投資，股票與房地產的市場自主性較低，容易受到市場外部因素、甚至是不明因素影響，例如國際經濟表現、聯準會升降息決策、系統風險的影響；房地產會受到政府政策、公共建設的影響，像是捷

運、高鐵工程路線計畫⋯等等這些因素影響。

　　但相反地藝術品投資，大部份憑投資者的眼光和鑑賞能力，藝術品的價格判斷來源於畫作品質、畫家的經歷及收藏經歷等等，比較不會輕易受到未知的因素影響。只要投資人熟悉藝術史和藝術市場的相關資訊，平時多看多做功課，就能累積一定的投資精準度。

⑦ 附加價值比一比

　　排除買賣價格以外的價值，就是附加價值。通常股票的附加價值最低，例如最近受到烏俄戰爭及國際通膨居高不下，世界經濟衰退陰影。

　　而一般來說房地產的附加價值在於它的使用性，房子買來就算貶值還可以出租賺取租金收益，也可以自住，有很多人買房子考量使用性多於投資性，比較起來，房地產的附加價值最高。

　　從使用的功能性來考量藝術品的附加價值，相較於房地產就低一點，不過買來的藝術品即使貶值，擺在家裡除了裝飾的功能，最少可以凸顯你的品味和鑑賞力，而且藝術品不

會變成壁紙，只要是經得起藝術史檢驗的作品， 將來在市場上一定會有回春的機會。

⑧ 市場陷阱比一比

房地產的價格比較起來透明度最高， 股票則有淘空和內線交易的問題， 常見藝術市場的陷阱有二：「買到偽作或仿作」和「誤入炒作集團」。通常畫價越高的畫家， 他們的作品經常有偽作或遭到模仿， 沒有收藏經驗的人， 通常無法辨認， 一旦買到偽作， 幾乎是完全沒有價值。藝術品很難成為大眾的投資標的， 除了要等到藝術教育知識更普及， 或者是藝術市場建立更完整機制。

⑨ 富爸爸效應

股票、房地產與藝術品有個相通的地方， 就是所謂「富爸爸效應」。當小公司被大財團併購， 就像找到富爸爸一樣， 身價立刻水漲船高， 股價也跟著漲。舉例來說， 當鴻海要併購某家小公司時， 該公司的股票一定跟著漲。

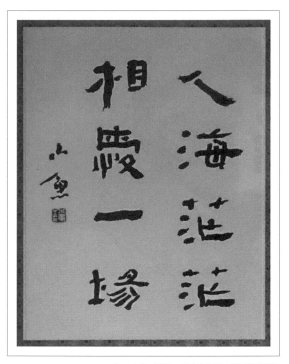

↑　小魚《緣》（圖片來源／敦煌藝術）

↑　黃智陽《江山》（圖片來源／華山紅館）

而藝術投資最著名的案例：張大千的畫自從被廣達集團創辦人林百里收藏後，隨後又有大陸收藏家跟進，張大千的畫價一日三市，一張十才（1才＝30.3×30.3公分）的山水畫從150萬大漲到3000萬以上。另外，就是畫家如果被國際知名的超級大畫廊（如：高古軒、卓納、豪瑟沃斯、佩斯…）經紀畫價也會大漲。

　　至於房地產也會因為相關重大公共建設比如高鐵或捷運經過而影響其價格。當然房地產最重要的還是地段來保障它的價值，藝術品則是以美術史地位及存世數量作為最後的價格指標！

　　綜合以上相關的比較，我們可以用下方的表現來呈現股票、房地產與藝術投資三者的相關比較分析，儘管各種投資工具都有各自的限制與風險，但藝術投資的高報酬率，無疑是其他兩著難以望其項背的！

比較項目	房地產	股票	藝術投資
自備成數	2成~無	4成	全額
貸款利率	2%以上	4.5%-6.45%（融資）	無
融資年期	最長到40年	一年（半年＋延期半年）	無
斷頭	穩定繳交則無斷頭問題	股票價低，券商會將股票斷頭	缺資金或判定為贗品時，收藏家會將作品低價出脫
秘訣	◇ 好地段 ◇ 好鄰居 ◇ 好品牌	◇ 符合時代潮流（如AI） ◇ 國際龍頭（如台積電）	◇ 藝術史（藍籌股） ◇ 有能力鑑定偽作 ◇ 不參與炒作
周轉率	◇ 投資（自住）→慢	◇ 長期投資→慢 ◇ 當沖→快	◇ 投資→慢 ◇ 投機→快
獲利能力	◇ 投資（自住）→高 ◇ 投機→較低or賠	◇ 投資→賺多賠少 ◇ 投機→賺少賠多	◇ 投資→多 ◇ 投機→少

〔第三章〕

小資學習
藝術投資的
優點

↑　曾佑和《崎嶇》（圖片來源／羅芙奧）

「有人說，遇上理想的伴侶是命運的安排，我認為碰上好的藝術品亦然。每當一件作品走進我的生命裡，我們便注定成為畢生相愛的伙伴。」T.O.P如此說道。

非富豪專利，小資族也能投資藝術品

藝術品的投資看似高不可攀，有著極高的門檻，似乎是有錢人的專屬，但其實小資族群也能參與藝術投資，3~5萬元就能開始，可試著投資受關注之新興藝術家作品或知名藝術家限量版畫、雕塑等，或者也可透過集資方式投資，門檻最低五萬台幣就能入場。

我們舉一個例子：日本藝術家奈良美智在2007年與香港HOW2Work合作發售藝術玩具雕塑「Sleepless Night失眠夜」，價格港元1萬，在2017蘇富比拍賣中以港元812,500成交。這種限量藝術品的報酬率也相當不錯，回報率高達80倍，漲幅驚人。僅在短短10年時間，相信其他投資很難有這樣的高回報。

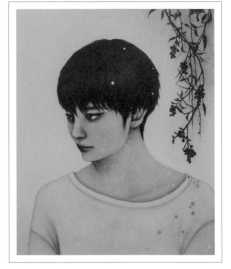

當然收藏藝術品跟其他投資的概念相同，想擁有高的報酬率，都仰賴投資人藝術鑑賞力是否有做足功課不斷地提升。

↑　《皮膚》飯田桐子／油彩（圖片來源／羅芙奧）

小資學習藝術投資的利弊

小資進行藝術投資是需要一段時間學習之後才能有收穫。一般來說，我們不建議用短期股市投資的方式來看待藝術投資，因為他不只是投資組合的選項之一，他還多了美化身心靈的附加價值。

我們整理了一些關於進入藝術品市場的優缺點，可以在你開始進入藝術投資學習之前提供一些參考。

五大優點：

① 擁有實體資產：

小資開始投資藝術品最大優點就是你可以收藏藝術相關資產，而不是控制在投資公司的手中。許多人很難相信他人經手的投資，特別是經過2008年次貸風暴之後，而藝術投資完全由自己管理、照顧並欣賞。

② 增加美學素養及氣質：

　　大多藝術投資者都先是收藏家，增值擺第二。藝術品的特性在於它是一種可以展示與欣賞的資產！學習藝術投資附加的價值在於你經歷過的所有歷程，會培養出你獨特的美學素養並散發迷人氣質！

③ 培養敏銳的觀察力：

　　選擇是人生最大的智慧，而如何買進具有投資潛力的藝術家正是藝術投資的「日常」功課，因此

↑　《無題》六角彩子／壓克力／畫布（圖片來源／羅芙奧）

從理論上我們得開始探索藝術史並且親臨現場——拍賣會和博覽會，以豐富我們的「資訊內容」！

④ 隨著時間持續增值成長：

與基金或股票不同，一般藝術品都會隨著時間的推移而穩定升值。如果購買前有做過功課研究後進行選擇，那麼購買到的藝術品之價值將會超過原本所付出的價格好幾倍以上。

⑤ 市場波動小較不受影響：

你一定感受過像金融股市像搭雲霄飛車一樣劇烈震盪及波動？但在藝術界，相較於股票市場的修正、波動與其他金融風暴比較是不存在的。這是投資藝術最大的優勢之一，收藏家可以每日安穩入睡，沒有其他投資類型的擔憂。

三大風險：

① 進入門檻相對較高：

進入藝術世界，最主要的障礙就是藝術投資專業知識不足。簡單來說，好比投資股票一樣，得先研究這間公司、檢查

↑ 《麻雀的忠告》長井朋子／油彩（圖片來源／羅芙奧）

↑ 《別哭》奈良美智／木刻／版畫（圖片來源／羅芙奧）

↑ 《招財貓》亞力克斯‧費思（圖片來源／羅芙奧）

← 《不爽》黃柏仁／雕塑作品（圖片來源／羅芙奧）

基本面，並且查看分析獲利狀況？如果覺得可行，只需要登入自己的投資帳戶，點選幾下滑鼠就可以購入該股票。相同的，在投資藝術品的時候，一樣得在購買之前熟悉大量訊息，這個先決條件與其他類型投資是完全一樣的，只是形式略有不同罷了。

② **保存上的困難：**

擁有實體資產可能是許多投資者所喜愛的，但同時也必須好好保存你的藝術品，並照顧與維護他以保持其藝術價值，畢竟藝術品有其脆弱的一面。總而言之，這些後續需要做的動作對於剛進入藝術投資的小資族來說，也許會造成感到入門困惑的因素之一。

③ 無法保證獲利：

　　最後，即便你已經做好了所有的研究功課，也沒有人可以保證你收藏的每一件藝術品都會在幾年之內翻轉報酬率好幾倍。藝術市場是一個不可預測的環境，不管是新生代或是成熟知名的藝術家也可能失寵。所以最好的辦法就是隨時觀察拍賣會的變動、更換藏品，保持最佳的獲利準備。

↑　《花》草間彌生／版畫（圖片來源／羅芙奧）

第四章

藝術品的
種類及分類

藝術市場學架構

（圖片來源／黃河）

藝術品獨立鑑價、保險公司
藝術品展示、倉儲、貨運公司
拍賣公司
藝術博覽會（策展公司）
藝術顧問
藝術基金
藝術媒體
藝術經紀人（藝商）
收藏家
藝市經濟學專家
藝術家
藝評家
策展人
藝市傳記學作家
藝術品修護師
藝術史家
藝市學專家
美術館

藝術品是藝術家一生致力
美學創作成果的結晶。它作為
一種特殊商品流通於藝術市
場，與其他商品相似的是，它
也具備普通商品的基本屬性：
使用價值和美學價值；不同
的是，藝術品的使用價值體

↑　《野柳女王頭》自然界的雕像／呂良遠拍攝

現在精神美感而不是物質層面上，它是以滿足人們的某種審美需要和精神需求為目的。

因此，一般來說藝術品的使用價值受到主觀因素的影響極大。

藝術品分為很多類型：書畫、油畫、水彩、雕塑、版畫、攝影、陶瓷、古美術…等等。

↑　《雪地裡的春天》溫牧／水彩

在小資剛踏入藝術市場的時候，可能會探索許多形式的藝術創作（包括歷史名作或當代藝術）。也許一開始可能偏向於繪畫這個類別，但是藝術市場涵蓋各種媒材、形式和分類。慢慢地接觸越來越多，逐漸形成屬於自己的藝術收藏風格。

一般來說不同的藝術收藏類型比較常見的包括：繪畫、雕塑、版畫，甚至影像視頻都能夠成為一種藝術類別。

藝術品是原件還是複製品

原件作品是藝術收藏及投資界最受重視的品項，有時候，在藝術市場當中，即使是複數型原件作品也具有高度價值。想要知道你的收藏是否值得欣賞與投資，以下是藝術品的基本知識，入門者一定得學習。

分類	說明	藝術價值
原件	油畫或水墨創作只有一件，原創作品是大多數人所追求的。	一般來說，原作的稀有性創造了更高的存在價值。
複數型原件作品	版畫、雕塑、陶瓷及攝影作品都是可以發行版次原創	藝術法規有非常複雜的限量規範。
Giclees	有一種印刷的方式稱作giclée（藝克利），是一種極高級的噴墨技術，也稱作藝術印刷，許多經銷商將其歸類為「博物館品質」的印刷品，甚至會提供真品證書。但是，要注意的是它終究是印刷品。	若以投資藝術的角度來看，只有欣賞及教育的功能，沒有任何投資價值。
藝術衍生性商品	有些量產品是由原作無限量複製而成，可能是立體的雕塑或是海報，這些量產品對於預算有限的藝術品收藏家來說也許是個選項。	如果是限量發行也有一定的行情，是藝術生活化的典型，但不是藝術投資的品項首選。

值得收藏的藝術品有十大特徵

↑ 《神奈川浪裏》／葛飾北齋／版畫（圖片來源／羅芙奧）

① 原創性高，辨識度強

② 藝值高於藝價。

③ 張張皆是精彩作品。

④ 收藏者皆為鑑賞家。

⑤ 最少具有華人知名度基本上會有國際競爭力。

⑥ 在世──每年油畫家創作作品應低於50件，水墨畫家創作
作品應低於100張，書法創作應低於200件。

離世──油畫家作品應低於2,000件，水墨畫家作品應低
於3,000張，書法作品應低於6,000件（于右任、張大千的
時代不同，它們那時代有很多公關作品）。

⑦ 所謂國際知名畫家，作品最少有10家國際級美術館收藏。

⑧ 博覽會常客──曾在瑞士Art Basel法國FIAC、英國斐
列茲、西班牙ARCO、德國ART COLUNG、日本Art
TOKYO及台北Art Taipei展覽。

⑨ 國際二大拍賣公司佳士得或蘇富比搶著上拍。

⑩ 藝術家有成立基金會或私人美術館，並有發行生平作品總
集（CATALOGUE PAISONNE）。

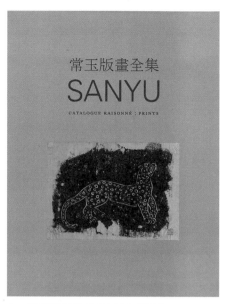

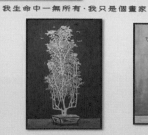

↑　常玉版畫畫冊（圖片來源／誠品）

我生命中一無所有，我只是個畫家

San Yu
Digital Giclee
Limited

MinColors
artroom

常玉裝飾畫／數位微噴輸出
德國 Hahnemühle 畫布
進口 Varnishes
無毒塗料
手工處理
各限量 7 件

↑　常玉複製版畫（圖片來源／MinColorsArtroom明采藝術）

LES POÈMES
DE
T'AO TS'IEN

ÉDITIONS LEMARGET
43, RUE MADAME — PARIS (VI·)
M CM XXX

↑　常玉原創版畫《陶潛詩集》（圖片來源／陳炎峰）

藝術品價值／價格，其三大要件：

① 畫家是否進入美術史（有四個層級──台灣級還是華人世界都認可、亞洲級〔日本及韓國〕還是國際一流）。

② 該作品是不是藝術家的經典作品，如畢卡索於1907年所作的「亞維農姑娘」常玉於1940年代所作的「五裸女」！

③ 稀少性，藝術家存世作品的稀有性當然影響其價格，如印象派的秀拉由於早逝、梵谷的悲劇人生（油畫不到800件）及巴黎畫派的莫迪里亞尼留世作品僅337件，常玉油畫也祇有295件⋯因此他們的畫價及漲幅都相當驚人！

↑　《綻放》陳歡／亞克力

↑　《瑪麗蓮夢露》安迪沃河／絲鋼版畫

100萬的預算（物超所值）：

① 歐洲現當代畫家

〔收藏原因〕

藝術的：

他們都是與吳冠中在巴黎的同期畫家、師承或得過法國的羅馬大獎

法國四位巴黎畫派第二代大師：布立翁頌、香培藍密第、蘇弗爾皮、夏士底

藝市的：

這十位畫家都是台灣各大畫廊如：雅的藝術中心、帝門、大未來…所曾經營的歐洲名家。例如：

- 畢費（1929-1999）
- 卡多蘭（1919-2004）
- 吉尼斯（1922-2004）
- 阿曼（1928-2006）
- 賈曼（1926-2007）

- 維士巴修（1927-2014）

- 巴赫東（1927-2015）

- 蘇拉吉（1919-2023）

- 布拉吉立（1929-）

- 夏洛瓦（1931-）

他們的版畫曾經是法國兩大版畫代理公司Vision Nouvelle、Frconary代理。

② 華人第一代旅法畫家：

〔收藏原因〕

- **徐悲鴻**──油畫或水墨皆已到達天價，畫馬作品則多偽作

- **林風眠**──偽作也灑滿二流的拍賣公司

- **值得推薦**──常玉和潘玉良的原創版畫。比起日本的草間彌生、村上隆、奈良美智及六角彩子更超值：

- **常玉**（1895-1966）──融合巴黎畫派馬諦斯的色彩心理學及畢卡索的立體派多視點，並加入東方文化的線條與神秘風格；但因為油畫總數量祇有295張，版畫目前有49個畫面，存世不到200張；但價格已極高，不再是藝術投資

的工具而是藝術理財的選項。

- **潘玉良**（1895-1977）——打破油畫與水墨的界限，以西畫技法來描繪東方題材。

第二代旅法巴黎三劍客：

- **吳冠中**（1919-2010）——水墨及油畫偽作多，不建議收藏，甚至他的版畫也頗多爭議！

- **朱德群**（1920-2014）——華人著名抽象畫家，油畫尚有增值空間，版畫以早期限量99張的為佳！

- **趙無極**（1921-2013）——最具國際知名度之華裔藝術家，但畫價已高，是藝術理財之選項！

③ 台灣的遺珠之憾

台灣前輩藝術家：楚戈、李錫奇、顧重光、李錦繡、鐘俊雄、蕭勤。

④ 台灣仍持續創作藝術家

台灣仍持續創作值得關注之當代藝術家：劉國松、霍剛、李重重、黃志超、吳士偉、謝棟樑、王秀杞、施力仁、廖迎晰。

第五章

小資進入
藝術投資市場的
學習準備

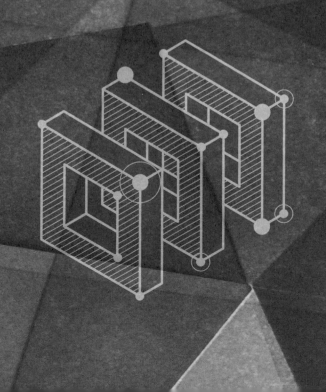

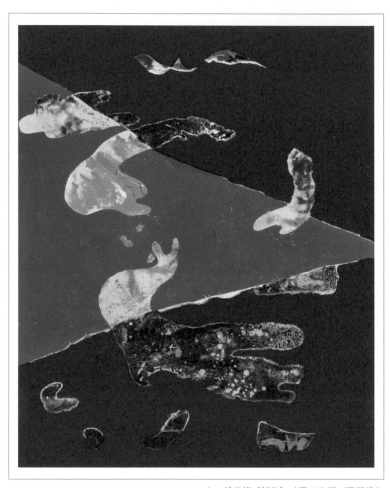

↑　鐘俊雄《新生》（圖片來源／景薰樓）

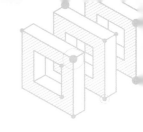

如果我只是一個小資藝術愛好者，想開始進入藝術投資的市場，應該從哪裡開始入門？

先擇你所愛，愛你所選。對於很多專業收藏家來說，家中的藏品，通常大部份都是屬於同一種性質或是主題，特別能夠觸動個人內心感受的題材。

有的人偏好印象派畫風，70年代收藏家特別喜愛古董字畫，二代藏家則喜好當代抽象畫。藝術品的收藏，絕對會反映你的內心真實的世界，那些不能說的，自己沒發現的，你的藝術品收藏都會告訴你。

很多藝術愛好者，一開始從事藝術投資都只是「裝飾性需求購買」而不是「收藏」。就像剛買了新家，配置沙發，或有了車子、房子，其實美好的藝術品擺在家裡，才是點亮主人財富與品位的最佳象徵。

收藏與社會經濟發展的關係

我們從馬思洛的「需求層次論」來作為基準，當我們滿足

了生活上所有的生理需求，進而有名車及豪宅，接下來要滿足安全需求：買保險進而投資理財。更上一層這部分也滿足時，我們有了社交的需求，有很多好朋友會來家裡，近年來收藏紅酒、名牌包，而最高級的聊天話題是什麼？可能就是「藝術的欣賞」，朋友也可能會問：「你看我家收藏的這些藝術品怎麼樣？」

對藝術品的理解及鑑賞力，代表收藏者「藝術審美的品味及高度」。而其背後，就是有豐厚的藝術史理論支撐，加上人生所有歷練的累積，是最最高層次的身心靈滿足。

但有時好的藝術品，有錢也買不到，一切只能和愛情一樣「看緣分」。豐富的人生閱歷，能夠喚醒我們生活的記憶和人生體驗。在社交時最常出現的高層次話題會是藝術品，舉凡油畫，雕塑，古董字畫等等。當你收藏這些藝術品之後，也許是滿足「自尊」。

廣義來說，每個人都可以是藝術愛好者及收藏家，美學認同因人而異，喜歡的事物當然也不一樣。凡是我們日常生活中的點點滴滴只要對收藏者有意義或值得紀念的都值得收藏。

小資投入藝術投資前的準備

在當代藝術市場當中,以投資為目的而開始購買相關藝術品,是你人生踏入投資新領域的一大步,為了要讓藝術投資報酬最大化,先弄清楚要買什麼、如何買、花多少錢買及在哪裡買之前,首要思考以下重點:

① **建立藝術史觀(以確定價值)**

影響西方21世紀的六個畫派(印象派、野獸派、立體派、巴黎畫派、抽象繪畫及現成物),尤其是中西融合。

② **了解藝術市場結構(以解構價格)**

畫廊(超級畫廊)、拍賣會;博覽會、收藏家(超高淨值人士)。

但小資族該去哪裡才可以接觸到藝術品?

藝術品的銷售平台

藝術品市場中,到哪裡去買常常跟如何買一樣重要!

◎ 認識藝術市場三大通路

關於藝術市場的通路，主要是以下三種：**畫廊、拍賣會、博覽會**。

而想要成為小資藝術投資人，首先要了解藝術市場通路層級和價格原理。

區分	第一市場	第二市場
通路	◇ 畫廊 ◇ 藝術博覽會	◇ 拍賣會
說明	◇ 藝術品在第一市場流通的門檻最低，畫家的作品完成之後，會先在第一市場（畫廊）完成所有權的轉移，實現其商業價值，取得『第一個價格』，這個價格通常是專業畫廊根據藝術家的學經歷及原創性所訂定。	◇ 拍賣會可是藝術品真正的『流通價格』，一定要經過第二市場（拍賣會）認證，才是真正的市場價位。 ◇ 藝術品進入第二市場的門檻較高，這個價格形成可能長達10年，而拍賣會具有高度的商業性，但卻也是檢驗畫廊定價是否合理，驗收投資效益的最佳機會，更是收藏家的尋寶樂園，通常是收藏的需求量已超過市場的供給量之後，才能進入拍賣會的市場機制！

　　藝術博覽會則是藝術市場趨勢的風向球，博覽會已成畫廊
的競技場，是新畫廊進入主流畫市的平台。

第一市場：

① 畫廊

↑　藝術中心（圖片來源／黃河）

一個藝術家離開學校，首先尋找專業畫廊代理，這就是對藝術品有興趣的人碰到藝術家的第一次機會。

新銳藝術家的公開價給了藝術家發展的機會，也給了小資買家或新興收藏家以合理的價格買入作品的契機，期待十年二十年後，藝術家越趨成熟，作品的價格也水漲船高，當買家的收藏年資或心態改變，想要脫手時就將收藏品放到拍賣上。

一般來說，大多數的畫廊都會做這兩件事：第一，確定畫廊主要的經營方式與方向。選擇畫廊對你後續的藝術投資會有顯著的幫助！有些畫廊則專注於簽約藝術家，長期配合並且幫助他們成長，也會建立作品清單與發行畫冊，並培養收藏群。

平均來看，藝術品在畫廊的銷售量（非金額）約佔所有藝術市場總銷售量的60%，藝市學稱其為『第一市場』。

② 藝術博覽會

參觀藝術博覽會的十大協助：

❶ 這個畫家的圖像是否具有原創性？因為這是判斷其是否有機會進入藝術史的重要依據！

❷ 博覽會的展出畫廊是其代理人，還是「借展」？這幅畫

↑　香港藝術博覽會（圖片來源／黃河）

是藝術家在其藝術生涯哪個階段所作？

❸ 作品是否具有品牌性，容易被大眾辨識？

❹ 「轉捩點」及「典型風格」是這個畫家的首選！

⑤ 這個畫家每年的創作數量是多少？如果已經離世，一生總創作的數量又是多少？它是否處於良好的狀態？

⑥ 這個畫家的收藏羣是那些人？

⑦ 作品是否處於良好狀態？

⑧ 藝術家若已離世，這幅畫的來源出處是什麼？

⑨ 這幅畫的合理價格應該是多少？

⑩ 這幅畫的增值潛力？

第二市場：

◎ 拍賣會

拍賣會九大特色：

❶ 拍賣會拍品反映藝市現況，且具有「臨時美術館」的功能。

❷ 二級市場──藝術品流動性風險（代表藝術家的資產等級）。

❸ 藝術市場遺珠──收藏家「撿漏」的最佳場所。

↑ 　蘇富比拍賣會（圖片來源／黃河）

4 注意是否為偽作─拍賣公司不負責真假；因此是「偽作
　寄生上流」的真實世界。

5 拍品預估價──拍賣會是藝術品市場價格的照妖鏡，亦
　是藝術家市價評估表。

⑥ 拍賣品不應該來自藝術家本人。

⑦ 拍賣官表現是否足夠專業。

⑧ 拍品收件廣度及深度——可觀察拍賣公司的整體表現。

⑨ 景氣指數——從拍賣結果可以看出整體藝市買氣。

拍賣公司運作方式的四大特徵：

1 委託寄售制

拍賣公司只能接受賣家委託寄售，不可以買斷作品（但可以送拍自藏作品）。由於藝術市場的專業性太高，無法人人都懂，而市場機制又是價格的依據，為了維持市場的公平性和社會正義，這一項規定和限制是絕對必要的。

2 公開出價、競價成交

買家必須公開出價、競價才能成交。在拍賣會開始之前，拍賣公司會先提供『預估價』。決定預估價的方式，當代畫家的價格大概低於畫廊定價的20~30%。只要賣家願意，拍賣公司會希望預估價越低越好，因為價格越低越會

吸引更多買家進場。拍賣會最有趣的地方，就是拍賣槌落下之前，誰都不知道結果，如果剛好有興趣的人都沒來，任何人都可能以理想的價格買到心儀的藝術品。因此，不要以為拍賣公司只會創天價，有眼光，機緣到，也能尋到寶。

③ 底價不公開原則

除了預估價之外，拍賣公司還會訂出『底價』，但是底價是不公開的，只有委託人和拍賣公司知道。底價是保險評估的標準，我們無法得知每張作品的底價，但是一般來說，底價必須低於預估價，否則就是某種形式的欺騙。

④ 拍賣品不保證原則

拍賣公司只就拍品現況出售，並不保證作品真偽，但是會提供很多相關資訊，包括：畫冊、原始保證書、收藏經歷、出版紀錄…等，除此之外不負任何保證責任。所以，知名度越高、歷史越悠久的拍賣公司越值得信任。但若發現是偽作，經查驗無誤，在一定時間內，多數拍賣公司是

容許退貨和退款的，法國鑑定拍賣官則是全球唯一敢保證
拍品是真跡，具有15年的保證期限。

畫廊與博覽會的差異

品項	畫廊	博覽會
性質	◇ 藝術品的一級市場	◇ 藝術品的一級市場大聯盟
時間	◇ 每天	◇ 通常為VIP一天 ◇ 大眾參觀3-4天
參與方式	◇ 一般社會大眾皆可參觀	◇ 一般社會大眾皆可購票入場參觀
特性	◇ 藏家俱樂部	◇ 百貨公司嘉年華
舉辦展覽之目的	◇ 培養長期支持的收藏家 ◇ 吸引新興的藝術家 ◇ 與藝媒培養長期的合作關係	◇ 開拓新買家 ◇ 尋找策略聯盟之不同區域或國籍的畫廊 ◇ 吸引超級大藏家加入畫廊的天使集團

↑　吳冠中《桃花》（圖片來源／佳士得）

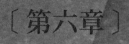

第六章

小資進入
藝術領域投資
六個步驟

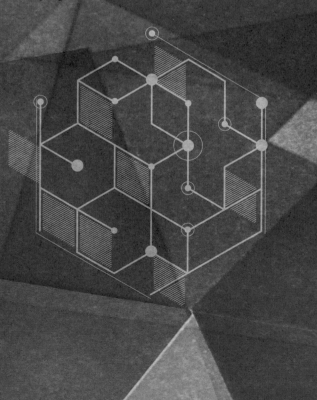

↑ 楚戈《山高不碍白雲飛》（圖片來源／楚戈基金會）

　　小資族想要走進藝術投資的大門，我們為大家整理出清晰的七個步驟，有興趣的朋友讀熟了這七個步驟，就可以進入藝術投資的領域。

① 先確定自己的目標是興趣收藏還是投資賺錢

　　面對2023年全球通貨膨脹高漲的年代，如果不好好學習投資，你的錢就會越變越小嚴重縮水。投資藝術品因具有避稅效果，而且是全球性的市場，因此深受許多高淨值人士歡迎。

　　20世紀全球藝術市場的大部份參與者約有八成是純粹因喜好興趣而收藏，其他兩成才是考量保值和增值的投資目的；2011年蘇富比與英國劍橋合作確認90%的藝術品收藏家都以投資為第一考量。

　　跨進藝術投資時，小資投資人首先要確定自己買畫目的，是「收藏」或「投資」考量？

　　很多人經常把這兩者混在一起討論，究竟他們有什麼不同？**投資**和**收藏**是在進入本篇之前需要釐清的兩個名詞。我們簡單的區分兩個目的最大差別，收藏是買自己喜歡的東西，但是投資則要考慮是否具有增值性。

◆ **收藏**：就是買自己喜歡或主流價值崇高的藝術品來傳世，不論其未來價值和變現性。

◆ **投資**：資本支出投入於一年期以上的選擇標的。（一年期以下可稱作投機）。

◆ **清楚自己收藏目的與動機**是很重要的。

很多收藏家的確在藝術品上賺到很高的報酬率，作為**一個初階小資藝術收藏家，一開始需要關注藝術產業的結構，然後再慢慢研究藝術史的核心價值**。以目前藝術品的高價，無論是收藏或投資，都必須考慮其流動性。

② 編列年度

當你有一筆得以自由運用的資金，想讓它有所發揮，在「3~5年不需動用」且「做好功課」的兩個大原則下，不妨給自己一個新的投資體驗。

小金額的小資收藏者，建議可以從每月存下3,000~5,000元的藝術基金開始，就像定期定額買ETF一樣，慢慢累積一筆錢後也可以開始進場。

小資投資人可以先從數萬元就可買到的名家版畫和當代藝術家著手。此外水墨大師的書法作品、名人書信、早期限量畫冊也都是小資族可以考量研究的入門款初選擇。

③ 確定投資目標及對象

確認了投資方向，接下來該如何選定藝術家？

藝術市場是「小眾裡的分眾」，相關藝術品的品項非常多元，例如國際現代、當代名家、台灣前輩畫家、新興藝術家。應該先瞭解自己對哪方面或時期的藝術以及藝術家有興趣，再開始慢慢進場。

關鍵竅門就是用眼睛遍覽各家畫冊和拍賣目錄，從中選出自己最有感的畫家，或增值率最快的作品，兼顧畫廊及拍賣會。現在資訊透明，出版物也多，收集資訊絕非難事。

每位藝術家在創作過程都有學習期和成熟期，小資投資人應先做足功課，熟悉畫家的師承畫派及創作主體，尤其是畫家的畫廊代理經歷及國際性，如果能參考國際藝媒的相關藝術市場分析，對於投資的精準判斷力會越來越高！

④ 找對銷售通路

買賣畫作的通路包括畫廊、拍賣會、博覽會以及藝術顧問。小資新入門者必須先找對畫廊，並觀察拍賣會的成交結果，可以看出藝術市場的溫度，博覽會則是小資投資人吸收藝術市場最新資訊的絕佳好機會。

經紀型的畫廊長期經營，通常客戶可以較低的價格買到新興藝術家的畫，未來增值的機會也比較高。

高淨值人士或是企業級的大收藏家都會聘請藝術顧問，每年提供固定預算朝建立私人美術館的目標前進。

⑤ 建立自己的藝術諮詢顧問團

小資一開始選擇畫廊需要一段觀察期，比如說黃河老師常會帶他的學生參觀畫廊、拍賣會的預展及各種藝術博覽會，想要參加拍賣會競標的學員就可利用這個好機會向他直接請教。

⑥ 賺取時間差：學會聰明判斷進出場的時機

藝術家的知名度對價格影響相當大，有些藝術家因為成名較晚，或等到過世後才被發掘，所謂大器晚成者，就是投資型收藏家大力尋找的投資標的。

因此當你判斷楚戈目前畫價超低可能在3~5年後會上漲，那麼投資他就能在未來為你帶來高獲利。比價效應也有相同效果，如趙無極和朱德群是同期畫家，也都是林風眠的學生，都在法國有畫廊代理，當年趙無極一號作品飆到20幾萬台幣時，朱德群一號才8千元，那時就是起漲點，要趕快買下，現在朱德群果然也飆到10幾萬以上。

　　又如陳蔭羆，2000年以前拍賣價還在50萬以內，目前已有300-500萬之行情；丁雄泉、曾佑和都具有這種華裔但具有國際基礎的屬性。

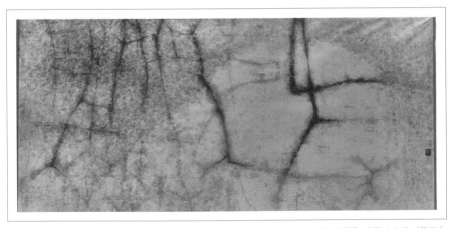

要判斷一件作品未來的行情不是容易的事。想要做出最精準的判斷，就要花時間作研究，投資藝術品，你花的研究時間越長，所花的冤枉錢就越低。

如果想出售你的藝術收藏品，不論是一件或是整個系列，可以請幾個拍賣公司來估價，每家專長不同，例如：羅芙奧比較國際性、帝圖專精在水墨、沐春堂的合資對象是日本所以較具亞洲觀。

另外要注意的是，**拍賣是一項公開的活動，拍賣後都會公開拍賣品成交價格。拍賣公司會收取賣方的佣金為10％，另外有1％的保險金及少許目錄製作費用。**

如何好好照顧你的藝術收藏品

藝術品可以欣賞與展示，當然，並不是所有的藝術品照顧起來都很麻煩，但是為了確保收藏品的價值，在這裡也提供一些基本的作法與注意事項。

◎ Step1：妥善保存

油畫及書畫類的藝術品，記得避免陽光直射與潮濕的空氣，你的每件畫作最好都要裝框，避免畫作之間的物理接觸。

◎ Step2：清潔和除塵

　　書畫類作品，除塵上記得拿專用的天然軟毛刷輕輕處理，如果卡垢嚴重，千萬記得不要硬性處理，請你找專業的藝術品修復師幫忙。

◎ Step3：移動

　　在移動你的藝術收藏品之前，最重要的是請確保雙手戴上棉布手套，並且移除手上所有的配飾珠寶。

　　最好一次只處理一件作品，而不是一次移動兩件以上作品。如果是畫作，請記得從框架的兩側牢牢地取下一幅畫，不要去碰觸到畫面。

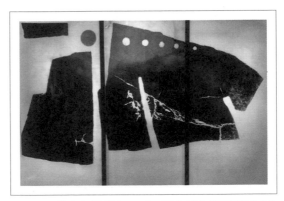

↑　陳庭詩《畫與夜#100》（圖片來源／陳庭詩基金會）

〔第七章〕

小資
初入門的
選擇

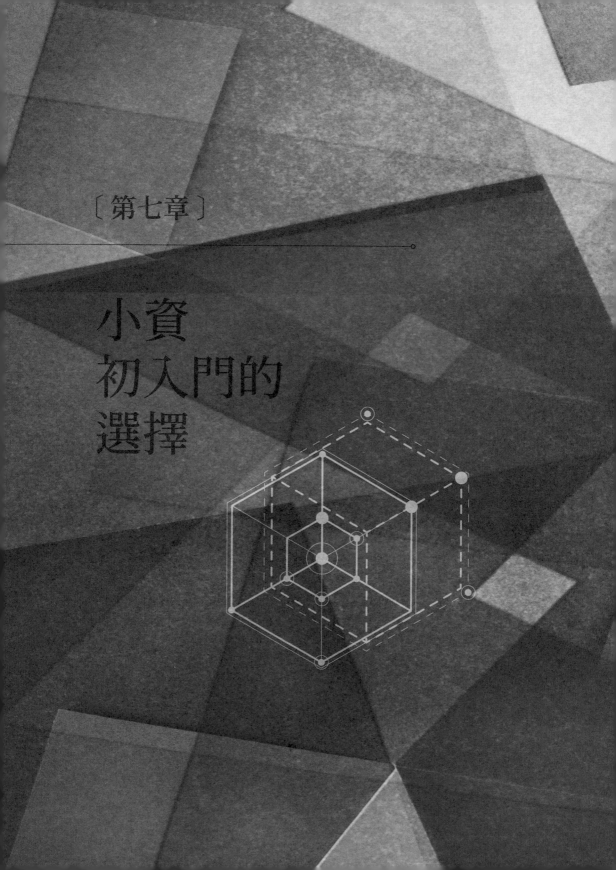

↑　蔡芙郡《鯉魚兔》（圖片來源／黃河）

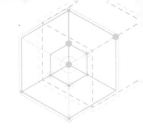

　　藝術品投資獲利到底有多高？我們從紐約大學教授梅建生及麥可‧摩斯設計的「梅摩斯藝術交易指數（MeiMosesAllArtIndex）」即可發現，全球股市近50年來平均報酬率為**11.7%**、藝術品的平均報酬率則有**12.6%**。

　　自2003年起，全球藝術市場一路邁向多頭，讓低迷許久的台灣藝術市場也明顯回春。2006年畫廊協會的會員只有80多家，現在成長到137家的新高紀錄。

　　這波台灣藝術市場的熱絡，和以往最大的不同，是參與者更多元化、年輕化、也更普及到一般中產上班族。

　　黃河老師觀察到現在已經到了「普羅大眾」都覺得想要懂藝術投資的地步了。報名上課的對象，除了銀行理專、財富管理VIP客戶有需求外，大學EMBA、各型的讀書會，也都開始進修藝術投資。而以前藝術收藏客戶以電子大老闆或科技新貴、會計師、律師和醫師以及企業家為主，但現在30到40歲的這一代，不分行業，有不少人都已把藝術投資納入投資組合中。

初次購買，怎麼買最划算？

　　但是提到藝術投資，小資族還是總會聯想到國際拍賣會裡美金上億天價的畢卡索、梵谷；就算是亞洲藝術市場，普羅大眾心儀的藝術名家如常玉、趙無極、朱銘，也幾乎都要千萬或百萬台幣以上才有機會一親芳澤，對於每月領固定薪水的小資上班族而言實在很難想像藝術品的買賣可以作為投資的方式。一般的小資族要怎麼樣才買得起藝術品？藝術投資真的只是有錢人的專利嗎？我們舉一個例子來說明：

　　一般我們所熟知的收藏家，多是有錢人或是企業家老闆，但是你知道嗎？

　　美國有一對夫妻，先生賀伯特是郵局職工、妻子桃樂茜則是圖書館館員，從1970年開始收藏以抽象觀念藝術家為主，如今總值數百萬美元的藝術收藏品，則已分贈給全美國的大型美術館，包括華盛頓的國家美術館。

　　另外在日本有一位普通的上班族宮津大輔，既不是富二代含金湯匙出身，也不是藝術產業界的人員，宮津大輔但靠著

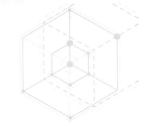

對藝術品的熱愛，從1994年開始進場收藏，在17年間收藏了三百多件當代藝術品，他將他的收藏生涯寫成一本書《用零用錢，收藏當代藝術》，其中不乏知名藝術家作品包括草間彌生、奈良美智。

上面兩個都是真實的故事，雖不可否認高報酬也需要時間和運氣的配合，但成功的藝術投資並不在資金的高低，而是存乎一心。

購買新銳藝術家作品，最好能買在起漲點，又有發展空間

買藝術品一定要考慮流動性，買自己真正喜歡並經濟上允許的最划算。新銳藝術家的作品在畫廊或藝術博覽會中，價位低廉，且極富新意，常是首購族的最愛。

為什麼叫新銳藝術家？即是剛進入市場的藝術家，這時候的藝術家風格還尚未成熟，可能小有名氣，未來發展潛力十足就跟發展中的新興城市一樣，會有許多尚未開發的可能及增值的空間。因此在一般的藝術博覽會現場所訂定的價格經常都

在「5萬元以下」，水墨畫一般常見30×30cm尺寸僅為3,000元，30×60cm約為6000元，60×60cm為12,000元，雕塑因材料費高不適用此估價，用尺寸大小的號數或才數以此類推，就是藝術品的標價。

↑ 草間彌生衍生性商品（圖片來源／黃河）

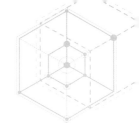

藝術類的作品有太多種：當代水墨、油畫、老字畫、膠彩、雕塑、陶藝、攝影、複合媒材、水彩，還有混合媒材，根本無法去分類的幾乎都綜合在一起。其實別管什麼類別，選擇藝術品就像談戀愛，既要感性也要理性，如果能兼顧最好。

↑　KAWS衍生性公仔（圖片來源／黃河）

↑↓　小泉悟《Disney Collection》系列

↑　LV與村上隆合作的衍生時尚商品

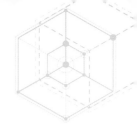

↓　奈良美智《123 Drumming Girls 打鼓女孩》（翻攝自奈良美智官網）

↑　奈良美智《失眠娃娃公仔》（翻攝自奈良美智官網）

←　櫻井肇的衍生商品

① **購買名家小品版畫或素描，品牌保證，不會大跌**

　　如果小資族只有5,000~2萬元，在今天的台灣有何種藝術品可供選擇？其實能在這個價位買的作品還是很多，比如名家版畫、水墨大師的書法、攝影家的作品、名人書信，甚至早期限量發行的畫冊（如趙無極、朱德群附版畫作品的限量畫冊出版時2萬，現已漲到50萬元以上。），都是藝術投資最佳的入門首選。這些作品在網路、拍賣公司都有拍賣，只需能掌握到初版發行。

② **購買近代名家書畫作品**

　　新手藝術投資的小資族，水墨與書法市場也是一個可以考慮的選擇，像近代名家書法或攝影作品都很適合小資入手，如20多年前于右任的書法作品，在老字畫的畫廊內可能只要5,000元就可以購得，現在拍賣會可能都漲到30萬台幣以上，所以這些小幅水墨或書法作品，都是小資族可以留意的。

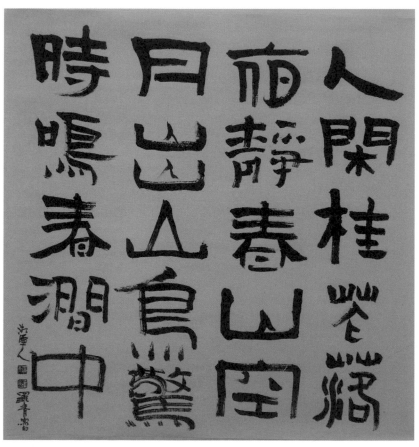

↑　羅青《人閒桂花落》（圖片來源／99度藝術空間）

第八章

小資必懂的
藝術投資四大好股：
藍籌股，績優股&
成長潛力股，
遺漏珍珠股

↑　吳士偉《道不盡》（圖片來源／異雲書屋）

　　我們從藝術市場的角度來觀察藝術投資可分成四種好股如下表，接下來我們將逐一解釋四大好股代表的重點藝術家：

類型	代表藝術家
藍籌股（華人國際知名）	張大千、趙無極、朱德群、曾佑和
績優股	常玉、陳蔭羆、丁雄泉、蕭勤
成長潛力股	陳庭詩、李重重、霍剛、巫登益
遺漏珍珠股	楚戈、鐘俊雄

① 藍籌股

　　藍籌股（BlueChipStock）通常是指在某個行業裡最知名、最受歡迎的丁間股票，市值高達數十億美元。

　　藍籌股的稱呼是從高賭注的撲克牌遊戲衍生而來，藍色籌碼則是桌面上價值最高的籌碼，這些顏色分類後來已被廣泛用來形容不同類型的股票。

　　藍籌股這個詞起源於20世紀初，當時首次被道瓊公司的一

名員工描述為優質股票，許多投資人喜愛投資藍籌股，因為它們通常都是具有長期競爭力的公司，加上投資收益穩定，能讓投資人定期收到股息，並使其投資組合免受通貨膨脹的影響。

- 藍籌股（華人國際知名）：張大千，趙無極、朱德群、曾佑和

↑　趙無極《22.07.64》（圖片來源／羅芙奧）

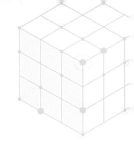

② **績優股：**

  ● 代表藝術家：常玉、丁雄泉、陳蔭羆、蕭勤 ●

  績優股是指那些業績優良，但增長速度較慢的公司的股票。這類公司有實力抵抗經濟衰退，但這類公司並不能給你帶來振奮人心的利潤。因為這類公司業務較為成熟，不需要花很多錢來擴展業務，所以投資這類公司的目的主要在於拿股息。

↑　丁雄泉《三美圖》（圖片來源／丁雄泉基金會）

↑　李重重抽象彩墨作品（圖片來源／尊彩）

③ **成長潛力股：**

　　‧ **代表藝術家：陳庭詩、李重重、霍剛** ‧

　　相較於價值股、存股等投資標的，成長股較注重具「獲利

潛力」的企業。

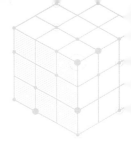

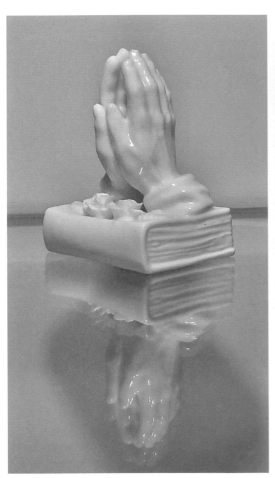

↑　白明《墟・卷軸》（圖片來源／白明）

←　李寶龍《祈禱》（圖片來源／中華文創學會）

④ 遺漏珍珠股：

- 代表藝術家：楚戈、鐘俊雄

↑　楚戈《雲棲》（圖片來源／沐春堂）

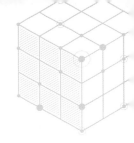

↑　鐘俊雄《明月幾時有》（圖片來源／采泥藝術）

第九章

藝術投資賺錢的
五大心法&
五大秘訣

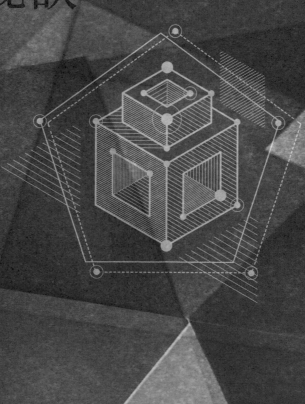

↑　美國紐約大都會博物館（圖片來源／大都會博物館）

在跟黃河老師學習藝術投資，加上看了許多藝術博覽會及拍賣會之後，就開始跟著黃河老師實際參與台灣一些重要的拍賣會，也開始進場買了幾幅作品，當然這些作品一方面是自己都非常喜愛的畫家作品，也很幸運的在拍賣會場用了極低的價格標到，一年後這幾幅畫的作品大概至少漲了5~10倍，投資報酬率相當不錯，Dr.Selena自己學到了藝術投資賺錢的五大心法及五大藝術投資秘訣，提供給大家參考。

一、藝術投資賺錢的五大心法

◎ 心法一：兩三萬就可以入門

投資藝術並不一定要財力雄厚，其實2~3萬元以內也可，若是金額高者，某些畫廊也願意「分期付款」，重要的是，要先喜歡，接著做足功課，才能避免投資風險。

◎ 心法二：真的喜歡藝術

想投資藝術品，最重要的是要先喜歡藝術，再談投資賺錢。多看、收集資料，培養對畫作的獨到眼光，了解畫家學經

歷，有沒有得過獎？參加過什麼展？作品有沒有被重要美術館收藏…然後視自己的能力，嘗試買一幅自己喜歡的收藏品。

◎ **心法三：逢低買進，是藝術品投資一大要訣。**

　　當全球總體經濟環境不佳、房價下跌，根據過往經驗此種時間點，很多收藏家會汰換或釋出收藏品，近3~5年隨時都是買藝術品好時機。逢低買進，是藝術品投資一大要訣。

◎ **心法四：從多逛藝廊開始**

　　藝術家離開學校，首先是畫廊開始代理，這就是很多人碰到藝術品的第一次機會。新銳藝術家的公開價給了藝術家生存的機會，也給了新手買家很低廉的價格，等到五到十年後，藝術家越趨成熟，價錢越高，買家的收藏心情也改變，就將收藏品放到拍賣上去賣，所以畫廊是初入門藝術愛好者碰得到的地方，在那裡大眾可以遇見藝術。

◎ **心法五：多參加拍賣會**

　　藝術投資適合所有人參與，尤其適合小資族，但前提是要做好功課，它可以帶來非常高的收益，但沒有任何人可以保證

你買的藝術品會持續增值。只有不斷的學習、了解藝市結構建立藝術史觀，才是藝術投資成功的不二法門。

　　我建議，小資平常應該多去博物館、畫廊、拍賣會、藝術博覽會，並且多認識藝術家與他的故事，然後進行大量的比對與研究。這也意味著，不能夠完全依照個人的情感去判斷，如果要投資藝術，必須擁有收藏家的智慧之眼，並且保有投資者心。

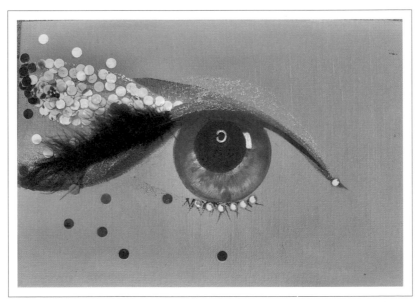

↑　楊林《蛻變的翅膀》（圖片來源／楊林）

在各大拍賣會中，可以接觸到許多收藏家脫手的藏品，通常是就有資歷的藝術家或是百年古董，在拍賣會常常尋寶找到真正讓你感動的藝術品，現在在許多拍賣會也能夠線上觀看目錄。當然藝術市場自有一個公定價，當你不斷的做這一些訓練，有一天你看到你喜歡作品的時候，你就可以判斷，離你心中的合理價格是多少，若是可以接受，那就勇敢去拍了。

二、 第一次買畫投資就賺錢的五秘訣

① 了解藝術家的背景資料，閱讀藝術家傳記

藝術家的背景資料是非常重要的收藏考慮因素，如果這個藝術家的老師或同學是很屬害的藝術大師的話，這個藝術家的作品通常整體評價也會高一點！

② 有沒有國際收藏家或全球知名博物館收藏

另一個重要的參考指標是這個藝術家的國際流通性，如果藝術家的作品被全世界重要的美術館及博物館收藏，代表這個藝術家的作品較具國際性及流通性，未來增值的空間也相對較高！

像這陣子Dr.Selena逛了日本普浮大師矢柳剛（GoYayanagi，1933-）個展，當然一方面是個人非常喜愛這個日本畫家分明的黑線條配上亮麗色彩的獨特創作風格，但另一方面也是考量了矢柳剛作品廣被世界各地公共機構所收藏，包含現代藝術博物館（紐約）、巴黎現代藝術博物館、東京國立近代美術館等。這也代表了未來的流通性及增值空間相對較大！

↑　草間彌生美術館（圖片來源／黃河）

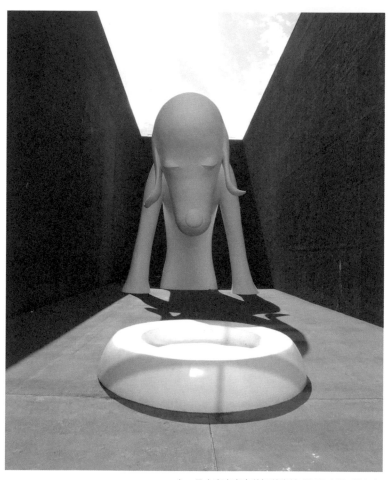

↑　日本青森奈良美智美術館（圖片來源／黃河）

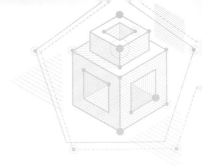

③ 藝術家的年紀

通常Dr.Selena喜愛具備獨特風格的藝術家作品或是已經離世的藝術家，因為一方面代表這個藝術家經歷了許多生活上的磨練，其藝術的風格較為成熟，而已經過逝的藝術家，一方面代表了這個藝術家的創作數量已經確定！之前Dr.Selena買進楚戈的畫作，拍下的價格才3.5萬元，其中一個原因就是楚戈已經於2011年離世，並且有一部分的作品捐給故宮博物院，所以在市面上流通的作品相對就較少，後來果然楚戈的價格往上漲，現在大概漲到5倍以上！

④ 市場供需狀況

幾年前歷史博物館舉辦的常玉展覽引起了廣大的迴響，價格也飆漲許多，這其中很大的一個部分是常玉的作品有三分之一在台北歷史博物館，市面上流通的作品也都在企業級收藏家，藝術投資跟所有的經濟學原理一樣，如果供給少，需求多，這個藝術家的作品就會大幅上漲，相反的，如果這個藝術家的作品在市面上流通非常多，但收藏的人少，作品的價格就不容易往上漲，所以深入暸解一下這個藝術家的收藏群是誰？

及深入解析其市場需求程度，也是學習藝術投資的重要功課！

⑤ 有沒有畫廊或藝術經紀人好好行銷

　　現今國內的書畫藝術市場中，到處是泡沫，但也到處是投資機會。老一代書畫家有100倍市場泡沫，這就是價格泡沫地雷。新一代書畫家有100倍的暴漲空間，這就是投資機會。那麼，投資書畫藝術品，如何避免踩中書畫泡沫地雷，如何在短期內獲得多倍的投資回報呢？其中很重要的一個點就是藝術家有沒有大畫廊長期代理，像前幾年Dr.Selena在拍賣會場買進的台灣水墨大師李重重的作品，很重要的一個原因就是有國內尊彩畫廊在經營，幾乎每年都會幫李重重辦一次個展，尊彩更是經常攜帶她的作品參加在香港Art Basel，提高李重重的國際知名度！

廖迎晰《米寶黑熊》（圖片來源／華承文創）→

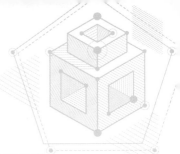

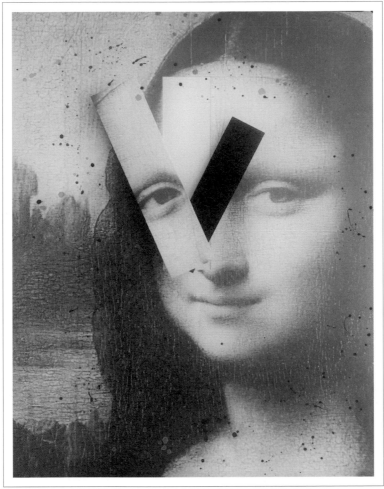

↑　黃河《21世紀的蒙娜麗莎》（圖片來源／黃河）

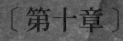

〔第十章〕

聰明避開
藝術投資2大陷阱
&10不買

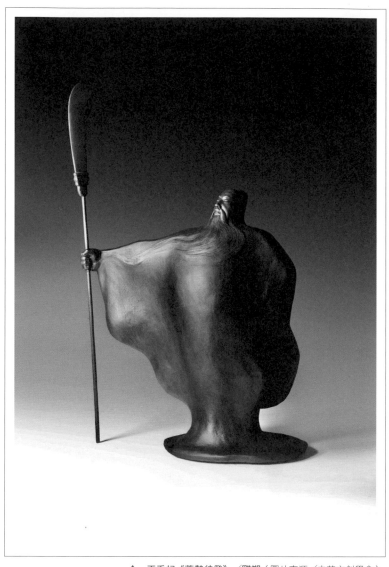

↑ 王秀杞《蓄勢待發》／雕塑（圖片來源／中華文創學會）

一、藝術投資2大陷阱

◎ 避開偽作及炒作

1️⃣ **偽作沒有任何收藏價值及投資潛力，確定真品的三大條件：**

　Ⓐ 作品收錄於「藝術家生平作品總目錄」（Catalogue Raisonne）這是所有西方重要藝術家由基金會所編列的重要資料，有藝術家「聖經」之稱，華人藝術家如齊白石、吳冠中、丁衍庸、趙無極及朱德群也都陸續完成！

　Ⓑ 藝術家在世時由代理畫廊所出版的展覽目錄或藝術家自選集，當然由國立美術館所出版的畫冊或回顧展目錄更具公信力。

　Ⓒ 國際知名拍賣公司的拍賣目錄也具有參考價值。

2️⃣ **炒作是 1990 年以來因為拍賣公司大量設立，成為藝術投機的新寵，如何避開炒作亦有三個方式：**

　Ⓐ 參考代理畫廊的「公開價」即俗稱的定價，國際規則是 3～5年會調整。

Ⓑ 「拍賣公司的拍賣均價」台灣自1997年之後就有【拍賣年鑑】及【拍賣大典】可供參考，國際藝術市場則有付費之『價格網站』可供參考，如artprice.com

Ⓒ 作品的保險價，可詢問藝術品保險公司。

◎ 華人藝術史最常見的偽作藝術家：

水墨：齊白石，徐悲鴻，傅抱石，溥心畬，張大千、李可染。

油畫：常玉，陳澄波，廖繼春。

書法：于右任，臺靜農。

雕塑：黃土水、朱銘。

不是要買很有名，但沒有名的價值及潛力較難預估，尤其買到偽作更是血本無歸。

◎ 結論：

張大千不會流落街頭（跳蚤市場或抵債）！

作品的前任收藏家是誰（收藏者或拍賣公司的invoice）！

二、藝術投資10不買

① **國際老大師不買**，所謂老大師就是西方藝術史印象派之前的大名家；東方則是清朝暨以前的大畫家，這些名家都不能買，原因有2個，第一‧這些知名畫家作品數量都在300張以內，99％都在公、私立美術館（21世紀全球美術館大暴發，截至2022年國際私人基金會或美術館每年成立超過300座，每座美術館至少要有2,000件典藏）但是偽作卻滿天飛。第二‧價格早就漲高漲滿，CP值極低；如巴比松畫派的米勒，中國明代的唐伯虎、清朝的鄭板橋，都是典型代表。

② **當代全球性知名大畫家不買**，第一‧20世紀大部分國際知名畫家都有畫廊代理，作品重復性極高，不值得長線投資。第二‧經過拍賣會運作，畫價早就漲翻天，買進最少套牢30年。例如英國的培根、霍克尼、達敏‧赫斯特及班克斯（炒作第一名）日本的草間彌生、村上隆、奈良美智及六角彩子；美國的安迪沃霍、巴斯基亞及傑

夫・昆斯。

❸ **藝術衍生性商品太多的藝術家不買**，因為第一，衍生性產品數量龐大分散其藝術價值，第二，容易和「復數型原創作品」混淆，造成價格波動。

❹ **復製及遺產（後製）發行之版畫、雕塑及攝影作品不買**，因為他們祇能欣賞而無價值，也因此不值得收藏及投資。

❺ 容易模仿，藝術技巧簡潔的藝術品不建議購買，如大部分的書法作品（臨摹者成千上萬）或常玉的裸女毛筆素描、洪通的素人畫作，王攀元的心靈水墨作品。

❻ **仿大師之學生作品不買**，例如張大千的學生幾乎都以臨摹其師作品為榮，這種不具備「原創性精神」精神之作，完全沒有收藏價值！

❼ **以「裝飾性」惟美題材為主的三流畫匠作品不買**，如美美的裸女、豐盛的靜物或知名景點的重複性極高類postcard畫作皆是商業畫作，完全不值得收藏！

❽ **宗教或政治題材的作品不是藝術投資的選項**，如基督

教—耶穌、聖母的人物畫像或佛教之觀世音，因為有固定表現方式，千篇一律，皆為藝匠作品，不是藝術創作。

⑨ **基本上沒有畫廊代理的藝術家也不建議投資**，因為他們的作品流通性偏低，而且容易重復創作，更重要的是收藏羣太集中，而且大部分沒有拍賣行情。

⑩ **落後時代風格或違背善良風俗之題材**皆沒有未來性，又或者需使用虛擬貨幣才能購買的NFT（祇是一種藝術表現形式）都是一種流行，不是藝術投資的選項！

◎ **如何避開炒作：**

藝術收藏或投資都必須要注意每個藝術家的「起漲點」，例如目前華人超高藝術價——常玉（1895-1966）已經「億來億去」，其漲幅過程——常玉在1982年由旅法藝術家陳炎鋒在「台北版畫家畫廊」首辦「常玉30年代水彩素描特展」並出版《巴黎的一曲鄉思》——常玉；當時油畫僅60~100萬台幣，裸女毛筆素描及銅版版畫價格極低，大約落在台幣5~10萬，1990年由台北「阿波羅畫廊」《常玉與巴黎的女人》及「大未

來畫廊」開始低量展出市價仍不及百萬，那即是常玉進入華人之原始畫價，常玉作品隨後於1992年由於蘇富比拍賣公司台灣區總裁衣淑凡的極力推薦開始進入拍賣會，《五裸女》達到500萬台幣算是正式進入起漲點；2011年再度出現於羅芙奧香港拍場已經接近5億台幣，2018佳士得再度上拍則創下12億台幣天價。

如何知道作品的價格對不對（如何買在起漲點，例如張大千，常玉的價格都在相對的高點）有以下三個原則：

❶ 原始第一次畫廊標出的公開價格（public price）長期代理畫廊的展覽價格賣。

❷ 有沒有拍賣會價格（出現在拍會上，成交價的價格是多少？（拍賣大典1997年開始，拍賣年鑑，網路最近的價格。）

❸ 作品保險的價格。

◎ **根據黃河老師的經驗被市場炒作過的藝術家：**

❶ 台灣藝術家：陳澄波、廖繼春、朱銘、邱亞才、王攀元。

❷ 日本：草間彌生、奈良美智、村上隆、六角彩子。

❸ 美國：安迪沃爾、巴斯奇亞、傑夫昆斯。

❹ 英國：達敏、赫斯特。

不要好高騖遠（萬丈高樓平地起）、捨近求遠（國際名家少碰）買有潛力的畫家，買在起漲點（從基礎兩萬元開始）。

因此我們可以得知藝術品的4個價格那就是：

❶ **公開價**——由代理畫廊每2~3年推出全新的市場價格。

❷ **同行價**—— 國際市場以7折為同行交流價格。

❸ **拍賣價**——二級市場3~5年的拍賣均價。

❹ **保險價**——博覽會或拍賣會的鑑定認證保險價格。

　　當你踏入藝術界想要投資獲利，必先研讀藝術史以建立「藝術史觀」才能預約大師20年然後提早下手，接著「藝市學」的研習，掌握藝術品不同「銷售平台」的各個階段，自然就能避開「藝術炒作」而倒致血本無歸的結果！

〔附錄一〕
小資進入藝術投資領域
必學藝術史

　　古人留給我們許多美好的藝術作品，而當代藝術家，就正在譜寫未來的藝術史，藝術家為作品賦予生命，有了懂得欣賞及喜歡的人，加上能夠愛惜收藏她的人，這三根柱子，撐起了豐富的藝術世界，也讓未來的孩子們，看見今日藝術的迷人之處。

一、西洋藝術史——從印象派到當代藝術

◎ 提點一

達文西（1452-1519）救世主佳士得2018年136億台幣。

◎ 提點二

魯本斯（1577-1640）無辜者的屠殺——蘇富比2002年20億台幣。

◎ 提點三

林布蘭（1606-1669）夫婦（56億台幣）。

二、台灣藝術圈最熟悉之第二代巴黎具象畫家

01	以筆直線條征服全球	畢費（BERNARD Buffet，1929-1999）
02	向立體派借形，從野獸派找色	伊列賀（HILAIRE Camille，1916-2004）
03	簡潔、均衡與靜澀	卡特林（CATHELIN Bernard，1919-2004）
04	真誠與創造力	科特沃茲（COTTAVOZ Andre，1922-2012）
05	寧靜安詳的大自然	吉尼斯（GENIS Rene，1922-2004）
06	具象色彩派的代表畫家	賈曼（GUIRAMAND Paul，1926-2007）
07	流暢而絕美的線條	維士巴修（WEISBUCH Claude，1927-2014）
08	詩意田園派畫家	巴東（BARDONE Guy，1927-2015）
09	富含文學與詩的當代畫家	布拉吉立（BRASILIER Andre，1929-）
10	瓊瑤筆下的夢幻美	夏洛瓦（BERNARD CHAROY，1931-）

三、其他歐美具象畫家

01	英國普普藝術代表人物	霍克尼（David Hockney，1937-）
02	人體繪畫的研究加上人性的解剖	法蘭西・培根（F.Bacon，1900-1992）
03	後現代的莫迪里亞尼	露西安・弗洛伊德（L.Freud，1922-2011）
04	最得台灣水彩畫家尊敬的人物	安德魯・魏斯（Andrew Wyeth，1917-2009）
05	美國國際級普普代表人物	安迪・沃荷（Andy Warhol，1928-1987）
06	神祕主義與超現實精神的結合	萬德里奇（Paul Wunderlich，1927-2010）
07	唐朝胖女人的國外版	波特羅（Fernando Botero，1932-2023）
08	美國動漫風格的先行者	李奇登斯坦（Roy Lichtenstein，1923-1997）
09	義大利自由形象繪畫三傑	基亞（Sandro Chia，1946-） 庫奇（Enzo Cucchi，1949-） 克萊門特（Francesco Clemente，1952-）
10	「沒有絕對腐敗之理」（國際在世最高畫價的創作者）	達敏・赫斯特（Damien Hirst，1965-）

四、羅丹之後國際十大雕塑家

01	羅丹的繼承者	隆德夫斯基（LANDOWSKI Paul，1875-1961）
02	向全人類致敬的雕塑家	亨利摩爾（HENRY MOORE，1898-1986）
03	流動雕刻的先行者	卡爾達（CALDER Alexander，1898-1976）
04	存在主義代言人	傑克梅第（GIACOMETTI Alberto，1901-1966）
05	人體雕塑家／雕塑界的馬諦斯	沃第（VOLTI Antoniucci，1915-1989）
06	金屬＋速度＋人間	丁凱力（TINGUERY Jean，1925-1995）
07	放棄組合，讓素材自己發聲的大師	賽撒（CESAR，1921-1998）
08	以不銹鋼焊造師魂的雕塑家	費侯（FERAUD Albert，1921-2008）
09	當代寫實主義的代言人	阿曼（ARMAN，1928-2006）
10	二十世界的花木蘭／女性雕塑家	妮基・德・聖法爾（NIKI de St.Phalle，1930-2002）

五、二十世紀國際十大抽象畫家

01	美國行動色域繪畫的中心級人物	羅斯科（Mark Rothko，1903-1970）
02	歐洲抽象表現主義的創始之一	哈同（Hans Hartung，1904-1989）
03	美國抽象表現主義的代表人	波拉克（Jackson Pollock，1912-1956）
04	我從不為錢畫畫，我畫畫只為自己	聖・法蘭西斯（Sam Francis，1923-1994）
05	畢卡索、米羅、達利西班牙三傑的接班人	達比埃斯（Antoni Tapis，1923-2012）
06	生命是一場偉大的遊戲	阿雷欽斯基（Pierre.Alechinsky，1927-）
07	克林姆、席勒維也納分離派的接班人	亨德爾瓦沙（Fritz Hunderwasser，1928-2000）
08	集東方、女性、前衛的日本國際級藝術家	草間彌生（Yayoi Kusama，1929-）
09	當代錄影藝術的第一人，韓國國際名家	白南準（Nam June Paik，1932-2006）
10	以悲壯浪漫的感性諷喻觀念層次的情緒象徵	基弗（Anselm Kiefer，1945-）

◎ **影響西方藝術史：**

第一個現代畫家——義大利的卡拉瓦喬（1573-1610）

第二個是英國的泰納（1775-1851）

第三個就是法國的馬內（1832-1883）

◎ **現代元年-1863年**

1 **巴比松畫派**——米勒

2 **印象派**（19世紀末）——馬內、莫內、羅丹

前拉斐爾派（英國）——1848年開始的一個藝術團體

（也是藝術運動），由3名年輕的英國畫家所發起——

約翰·艾佛雷特·米萊、加百利·羅塞蒂和威廉·霍爾

曼·亨特。

3 **後印象派**——塞尚、高更、梵谷

4 **抽象繪畫**——康丁斯基

5 **野獸派**——馬諦斯

6 **立體派**——畢卡索、布拉克

Ⓐ 表現主義（德國）——克利

Ⓑ 超現實主義——夏卡爾、米羅、馬格利特、達利

7 **巴黎畫派**──夏卡爾、莫迪里亞尼、瑪莉羅蘭珊、藤田嗣治;(華裔)常玉、潘玉良、徐悲鴻、林風眠

8 **新巴黎畫派**──趙無極、朱德群、吳冠中

↑　莫迪里亞尼(圖片來源／蘇富比)

9 **美國紐約畫派**

Ⓐ 抽象表現主義──波拉克、德庫寧;(華裔)丁雄泉、陳蔭羆

Ⓑ 色域繪畫──羅斯科、紐曼

Ⓒ 普普藝術──安迪沃荷

Ⓓ 極簡主義──賈德、史帖拉

10 **倫敦畫派**

Ⓐ 培根

Ⓑ 佛洛伊德

Ⓒ 霍克尼

11 **當代藝術**

21 世紀應該認識的當代藝術家：

國家	重要當代藝術家
美國	李奇登斯坦、辛蒂·雪曼、傑夫昆斯、奇斯·哈林、巴斯奇亞、KAWS、馬丁尼茲、丹尼爾·阿沙姆
英國	大衛霍克尼、東尼·克雷格、達敏·赫斯特、班克斯
德國	格哈德·里希特、安瑟·基弗
日本	草間彌生、白髮一雄、森山大道、杉本博司、村上隆、奈良美智、田中敦子、鹽田千春、蜷川實花、六角彩子、小松美羽、中村萌
韓國	金昌烈、朴栖甫、白南準、李禹煥、李錠雄、金東圉、李在孝、權奇秀、崔素榮
華裔	趙無極、朱德群、丁雄泉、曾佑和、高行健
台灣	陳庭詩、蕭如松、楚戈、霍剛、劉國松、楊英風、林壽宇、朱為白、李錫奇、劉國松、莊喆、朱銘、鐘俊雄、何懷碩、蕭勤、袁旃、董陽孜、江賢二、李重重、莊普、羅青、楊茂林、鄭在東、黃楫、于彭、王秀杞、謝棟樑、李真、李寶龍、蘇旺伸、吳天章、吳瑪悧、陳贊雲、徐秀美、林朝尉、林聲、李紹榮、彭康隆、潘仁松、蔡芙郡

華人藝術史──從齊白石到楚戈

◎ 提點一

蘇東坡「木石圖」2018年香港佳士得落槌18.3億元（台幣）

黃庭堅《砥柱銘》北京保利成交價：4億3千680萬元人民幣

◎ 提點三

王羲之《平安帖》中國嘉德成交價：3億800萬元人民幣

◎ 重點提要

　　第一，水墨畫是東方藝術的主軸，是以毛筆及水墨材料為主要元素的藝術創作，書法的淵源更重要

　　第二，水墨畫市場鮮有國際市場的三大主因：

❶ 中國從鴉片戰爭到國共內戰再到文化大革命，百年戰亂，國家虛弱，藝術市場疲弱！

❷ 水墨畫因為師承制度以臨摹為主，師父加筆為榮，導致「仿作」及「偽作」充斥！

❸ 華人藝術社會「藝術產業未能建立」缺乏經紀人制度，畫家通常自己賣畫，重復在所難免，不僅數量難以控制，價格更是屬於自由心証！

　　第三，水墨畫未能成為國際市場拍品的其他原因另外有，國際知名學者鮮有研究現代及當代水墨畫的成就，少數美籍學者如James Cahill（高居翰）、英國Michael Sullivan蘇立文可謂鳳毛麟角，相反的，華人藝術圈對西方藝術的研究從文藝復興到印象派，從野獸派、立體派到當代，直接介紹或翻譯可說成千上萬，直到21世紀華人水墨畫因為中國大國崛起，各型研討會及專家學者開始有大量的專業書籍出版，再加上拍賣會的推波助瀾，才開始受到重視，因此2000年以前即使是重要的水墨大師除了張大千以外，國際市場對水墨畫的興趣仍然相對低，價格非常不穩定！

　　第四，台灣第一代的收藏家張添根（鴻禧美術館）及蔡辰男（國泰美術館）都有非常豐富的水墨精品的收藏，而林百里的廣雅軒，不僅是張大千精品的大本營，更有歷代大師的收藏，另外豐年果糖——石允文也有可觀的收藏，而何創時基金會的書法收藏絕對獨步全球！

　　第五，黃河老師評斷藝術的標準：

　❶ 對於繪畫三元素：A、線條，B、造型，C、色彩，皆有

自己的原創性

② 作品是否能進入藝術史，拋開裝飾性，擁有承先啟後之
精神

③ 精準性，亦即每一張作品都是傑作

第六，華人水墨畫歷年來最多偽作的有七位：

① 明末——董其昌（1555-1636）

② 清中期——鄭板橋（1693-1765）

③ 民國初年——

齊白石（1864-1953）

徐悲鴻（1895-1953）

溥心畬（1896-1963）

于右任（1879-1964）

張大千（1899–1983）

傅抱石（1904-1965）

李可染（1907-1989）

第七，華裔畫家潘玉良、趙春翔及丁雄泉的彩墨畫，趙無
極的少量水墨創作，朱德群的書法，都有其可觀之處！

第八，中國近現代書畫破億人民幣排行榜

中國近現代十大水墨畫家錯綜複雜的關係

① 齊白石、張大千、徐悲鴻、吳昌碩、潘天壽、黃賓虹、李可染、劉海粟、傅抱石、陸儼少被稱為近代十大畫家。

② 齊白石收徒數千，其中王雪濤、李苦禪、王森然、陳玄廠，並為齊白石先生鍾愛的四大弟子，李可染既是齊白石的弟子，也曾拜師黃賓虹，十大畫家中，李可染、李苦禪都是齊白石的徒弟。

③ 林風眠培養出李可染、吳冠中、王朝聞、艾青、趙無極、趙春翔、朱德群等一大批主要藝術名家。

④ 徐悲鴻發現並提攜了黃賓虹、齊白石，徐悲鴻的學生當代著名書畫家吳作人、李可染、黃胄、沙孟海、費新我等。

⑤ 徐悲鴻十分敬重齊白石的為人和畫德，極為讚賞齊白石的畫風和畫技。同樣。齊白石對徐悲鴻也非常尊崇、倚

重，信任有加，視他為真正德藝雙馨的畫壇英才。這兩位相差30多歲的藝術巨匠，自20世紀20年代末一見如故之後，因共同的藝術旨趣，從此結為肝膽相照、互為尊敬與支持的莫逆之交。二人的情誼真摯深厚，終生不渝，傳為佳話。

◎ （一）中國水墨前輩風雲榜

齊白石（1864-1957）	用最低學歷在最高學府任教
黃賓虹（1865-1955）	千古以來第一用筆大師
潘天壽（1898-1971）	浙江美院院長，趙無極的老師
傅抱石（1904-1965）	新山水墨代表畫家
李可染（1907-1989）	用最大功力打進去，用最大功力打出來
葉淺予（1907-1995）	擅長小說、舞蹈、戲曲人物的描繪
吳作人（1908-1997）	徐悲鴻的繼承者
陸儼少（1909-1993）	充滿「動感」的山水畫家
程十髮（1921-2007）	海派大師、連環畫、年畫、插畫
劉旦宅（1931-2011）	古典文學人物畫的翹楚

◇ （二）台灣水墨前輩風雲榜

1 **渡海三家——**

張大千、溥心畬、黃君璧

2 **台灣水墨畫家——**

- 1895-1925年代出生畫家

李奇茂、胡念祖、夏一夫、歐豪年、鄭善禧、金勤伯、
余承堯、江兆申、張光賓、楊善深等人

- 1926-1950年代出生畫家

這一代的傳統畫家大都經歷過學院教育，特別是水墨
畫，一般都由大陸渡臺的老一輩畫家直接傳授，如江兆
申其弟子周澄、李義弘、顏聖哲，其後有劉國松、何懷
碩、江明賢、黃光男、李重重、羅青、袁金塔、于彭、
蕭仁徵、郭軔等人

- 1950-2000年代出生畫家

比較活躍的有陳永模、林銓居、彭康隆、吳士偉、小魚
（彭正隆）等，但這一輩書畫家大都從傳統走出，探索

新的視覺可能。

3 新水墨——

陳其寬、袁旃、袁金塔、高行慚、小魚、陳朝寶、陳志良

4 抽象水墨——

劉國松、李重重，白明

5 書法——

- **中國近代十大書法家**

  吳昌碩、于右任、弘一法師、沈尹默、郭沫若、林散之、沙孟海、舒同、趙樸初、啟功

- **台灣現、當代書藝家20位**

  現代：胡適、丁治磐、董作賓、余承堯、朱玖瑩、臺靜農、呂佛庭、張光賓、汪中、姜一涵

  當代：傅申、董陽孜、陳瑞庚、杜忠誥、羅青、徐永進、楊子雲、黃一鳴、張松蓮、黃智陽、吳國豪

〔附錄二〕
全球藝博會歷史

一、藝博會記事：

❶ **藝博會的雛型**：15世紀在現在比利時的安特衛普，大教堂的迴廊，出現名為麗德（Pand）的藝術品市場，每年有2次，為期六週，一次是復活節，另一次是8月中的聖母節，有70-90個展位，包括賣畫、畫框及材料，杜勒（1471-1528）及其弟子霍爾班（1497-1543）（杜勒過逝後前往英國，成為英王亨利八世之宮廷畫家）都是這個小藝博的常客。

❷ 1913年在美國紐約的「軍械庫」可稱為第一次國際藝博：

③ **博覽會之三**：萬國博覽會從1850年開始／日本於1970年於大阪第一次由亞洲國家接捧／上海於2010年舉辦

④ **博覽會之四**：香港第一屆Art Asia

⑤ **博覽會之五**：1992年由阿波羅畫廊張金星、龍門畫廊李亞俐、東之畫廊劉煥獻、雲河藝術黃河提議成立畫協，並於同年成立ART TAIPEI

⑥ **博覽會之六**：2005年台灣舉辦第一屆音響博會距離美國拉斯維加斯1979年第一屆音響大展，慢了27年。

⑦ **博覽會之七**：台北當代於2019進駐南港展覽館，並且得到瑞士UBS銀行全力贊助

二、21世紀藝博會的趨勢

◎ 21世紀藝博會的四大趨勢

① 大型藝博（安全畫家的國際大秀）VS飯店藝博（新興藝術家崛起）

② 每個城市都有大藝博（國際大畫廊、大畫家的競技場）

及小藝博（區域型藝市縮影）

❸ 併購之風繼精品時尚、車壇、拍賣公司也開始進入博覽
會。併購之首正是博覽會龍頭老大──Art Basel

❹ 藝博會創造大量「新興藝術家」「策展人」「畫廊助
理、藝術行政人員」「藝媒、時尚公開媒體」「編輯翻
譯人員」「佈展技工」及大學美術系學生有實習機會，
知名藝術家、畫廊業者、收藏家明星化，與政商名流平
起平坐，成為時尚雜誌的封面人物

〔附錄三〕
台灣及全球藝術博覽會

① ART TAIPEI台北
國際藝術博覽會

　　ART TAIPEI台北國
際藝術博覽會,每年透
過邀請海內外畫廊的參
展,帶來許多國際藝壇
的重要作品,增進海內
外藝術交流,並且推廣
藝術生活和全民收藏。

ART TAIPEI台北國際藝術博覽會已是各畫廊和亞洲地區重要收藏家、畫廊、媒體互動的重要管道。有鑑於此,畫廊協會將會抱持著對藝術熱愛的精神,持續為臺灣藝術產業努力,不僅提供藝術家與藝術市場創造平台,更協助亞洲區域性畫廊與國際畫廊多元交流。

② Art Solo藝之獨秀藝術博覽會

　　ART SOLO藝之獨秀藝術博覽會在2014初次舉辦,時隔7年由社團法人中華民國畫廊協會接手,集結4個國家畫廊參展、41家展商、66位參展藝術家、70個展位,在台北花博爭艷館重磅回歸。

　　ART SOLO 2022藝之獨秀藝術博覽會期許能以單一展位呈現藝術家個展的形式,完整表現藝術家的創作脈絡與畫廊的策展手法;透過藝術博覽會的平台,讓畫廊、藝術家與藏家,進行更深度的交流、合作、對話。同時,也希望打造連動「北美館藝術園區擴建計畫」的藝術核心區域,建立藝術展演與藝術教育的創新推廣基地。

③ Taipei Dangdai台北當代藝術博覽會

　　身為亞洲最重要的當代藝術博覽會之一，Taipei Dangdai 2022台北當代藝術博覽會圓滿落幕，備受各界好評，不僅由新一代藏家簇擁支持，也見證了大幅增長的藝術市場需求。第三屆台北當代銷售成果豐碩，獲高度評價，觀眾超過2萬人，持續作為台北藝術與文化活動領導品牌。

　　第四屆台北當代由瑞銀集團呈獻，已於2023年5月12至14日將於台北南港展覽館舉行。

- ART TAIPEI 2022台北國際藝術博覽會於10月20日至10月24日在台北世貿一館盛大登場

- 年度亞洲藝術盛事，串連7個國家地區、超過130間畫廊展出，多項嶄新的公共藝術及特區計畫呈現

- 精選國內外畫廊品牌，推選優秀藝術家及精采之作，帶來絕佳藝術和感官饗宴

- 5場藝術講座，11場藝術沙龍，由各領域專家及學者帶領，兼具市場及學術面向

④ **巴塞爾藝術展（Art Basel）**

　　巴塞爾藝術展於1970年由巴塞爾畫廊主恩斯特‧貝耶勒、Trudl Bruckner和Balz Hilt創辦，是一個營利性、私人管理的國際藝術博覽會，每年在瑞士巴塞爾、美國佛羅里達州邁阿密海灘和香港舉辦。巴塞爾藝術展為畫廊提供了一個向買家展示和出售其作品的機會，並吸引大量的國際藝術觀眾和學生前來觀展。首屆巴塞爾展吸引了超過16,000名觀眾，並展出來自10個國家的90家畫廊的作品。1975年，也就是創辦五年後，巴塞爾藝術展吸引接近來自21個國家的300家參展商以及37,000名參觀者。

　　2008 年， MCH集團、Angus Montgomery Arts和Tim Etchells首次舉辦Art HK。MCH於2013年將其買斷，並在香港會議展覽中心舉辦首屆香港巴塞爾藝術展，由於2019冠狀病毒病香港疫情，2020年香港巴塞爾藝術展被取消。2021年香港巴塞爾藝術展於5月19日至23日在香港會議展覽中心舉行。來自世界各地的104家畫廊參展該次香港巴塞爾藝術展。（資料參考維基百科）

[附錄四]

重要拍賣會

① 蘇富比（Sotheby's）：

創立於1744年，是全球最具知名度的一家拍賣行，以拍賣藝術品及文物而著稱。它創始於英國倫敦，總部位於紐約曼哈頓約克大道。它是佳士得拍賣行的重要競爭對手。

自1955年從倫敦擴展至紐約，蘇富比遂成為第一家真正之國際拍賣行，也是首家於香港（1973年）、印度（1992年）及法國（2001年）舉行拍賣的機構，以及首家於中國營商的國際藝術拍賣行（2012年）。

時至今日，蘇富比於世界各地9個拍賣中心舉行拍賣，包括紐約、倫敦、香港及巴黎這幾個主要拍賣中心，客戶亦可選

用即投BIDnow於網上觀看拍賣直播,並在世界各地同步參與網上競投。透過蘇富比金融服務,藏家也可尊享全球僅有的全面性藝術金融服務支援。蘇富比也為客戶帶來私人洽購的機會,涵蓋的收藏類別超過70種,當中的管道包括:設於紐約蘇富比隸屬當代藝術部的S|2展售藝廊,以及兩項零售業務——蘇富比鑽石(SOTHEBY'SDIAMONDS)及蘇富比洋酒。蘇富比擁有強大的環球網路,共90個辦事處遍及全球40個國家,是紐約證券交易所歷史最悠久的上市公司,代號為BID,但於2019年由法國Bid Fair集團收購,成為私人公司。(資料參考維基百科)

② 佳士得

於1766年創立的佳士得,是享譽全球的藝術品及奢侈品拍賣翹楚,專門舉行由專家悉心策劃的現場拍賣和網上專場拍賣,並提供專屬的私人洽購服務,深受廣大藏家信賴。佳士得為客戶提供完善的全球服務,涵蓋藝術品估值、藝術品融資、國際房地產及藝術教育等。佳士得在美洲、歐洲、中東及太平洋地區的46個國家及地區均設有辦事處,並於紐約、倫敦、香

港、巴黎及日內瓦設有大型國際拍賣中心。佳士得更是唯一獲許可於中國內地（上海）舉行拍賣的國際拍賣行。

　　佳士得的多元化拍賣涵蓋超越80個藝術及雅逸精品類別，拍品估價介乎200美元至1億美元以上。近年，佳士得先後刷新多項世界拍賣紀錄，包括獨立藝術品（2017年拍賣的達文西畫作《救世主》）、二十世紀藝術作品（2022年拍賣的安迪·沃荷畫作《槍擊瑪麗蓮（鼠尾草藍色）》）及在世藝術家作品（2019年傑夫·昆斯的《兔子》）。佳士得亦獲公認為顯赫單一藏家珍藏的領軍拍賣行，史上十大重要私人珍藏中，有八個經由佳士得拍出。

　　佳士得的私人洽購服務讓客戶能夠不受拍賣日程約束，在專家協助下靈活買賣藝術品、珠寶或名錶。

　　佳士得的私人洽購服務讓客戶能夠不受拍賣日程約束，在專家協助下靈活買賣藝術品、珠寶或名錶。

　　佳士得近期創舉包括成為首間推出以非同質化代幣（NFT）形式拍賣的數碼藝術品（2021年3月的Beeple《每一天》）的大型拍賣行，並首度接受買家以加密貨幣付款，開創

行業先河。目前佳士得最大股東則是法國開雲集團知名收藏家皮諾（Francois-Henri Pinault)，擁有49%的股權。

③ 羅芙奧藝術集團（Ravenel International Art Group）

羅芙奧藝術集團（Ravenel International Art Group）是跨國經營的藝術拍賣公司集團，1999年6月成立於台北市，由法國歷史悠久的藝術拍賣機構——巴黎德魯奧中心（Hôtel Drouot）在集團成立初期提供顧問與技術支援。羅芙奧控股公司旗下設立羅芙奧股份有限公司及睿芙奧有限公司。台北總部——羅芙奧股份有限公司、香港——羅芙奧香港拍賣有限公司、北京——睿芙奧藝術品（貿易）有限公司以及上海——香港羅芙奧香港拍賣有限公司上海代表處。

羅芙奧藝術集團成立初期透過與海內外重要博物館、藝術機構交流合作，引薦傑出西洋藝術大師，進而推動華人藝術在國際舞台上的長足發展。而後藉由國際拍賣會、私人洽購、藝術基金投資等多元形式，為亞洲各國企業、收藏家與基金會，建立其專屬的收藏體系與藝術市場投資脈絡。（資料參考維基百科）

④ 邦瀚斯

　　私人國際拍賣公司邦瀚斯創於1793年，為僅存唯一英資國際拍賣公司，在藝術、古董、名車及珠寶等拍賣範疇地位尊崇，每年於倫敦、紐約、洛杉磯及香港的旗艦拍賣中心舉行60個部門的超過400場專拍。

⑤ 帝圖科技文化

　　帝圖科技文化股份有限公司於2009年2月成立，致力推動藝術生活化、美學在地化之理念。旗下經營「非池中藝術網」、「非池中線上藝廊」、「帝圖藝術拍賣會」三大網站。

　　帝圖是台灣唯一同時擁有古董、書畫、西畫拍品的拍賣公司，掌握亞洲經濟高度成長之下，臺灣拍賣市場發展書畫藝術品生貨的競爭利基，徵集拍品件數、買方人數及營業額逐年創下新高紀錄，在全球規模已具備競爭優勢與地位。

⑥ 景薰樓

　　景薰樓，台灣台中霧峰林家頂厝建築中重要樓群之名，景薰樓的成立，秉持著延續先賢的文化傳承精神、遠景、薰陶，象徵樓梯一步步往上爬，從台灣本土性、歷史性的藝術文物向

上紮根，透過拍賣會來強化藝術無國界，將藝術交易平台觸角延伸至國際市場。1995年3月19日於台北遠企首拍，成功執槌至今二十餘年，並於2007年成立台北辦公室，兼具收藏與屢次創價藝術拍賣角色。曾參加北京、香港及台北國際藝術博覽會，創下拍賣公司參加藝術博覽會首例並積極參與公益。身為台灣最資深的拍賣公司，深耕本土藝術與開拓國際視野並重，提供專業的藝術典藏顧問規劃諮詢。

「收藏歷史，珍藏藝術」是我們經營藝術文化之精神指標。我們的專業團隊堅信這樣的理念，將走得更穩健更長遠。陳碧真希望與愛好藝術的朋友們以「人生晨露，藝術千秋」共勉之。為經營景薰樓在藝術拍賣的定位，身為創辦人的林振廷特地到北京清華大學研讀拍賣官證照、藝術品鑑賞、估價師資格等，加強景薰樓在業界國際級的公信力，並深入藝術家與收藏家之間的經營交流。林振廷表示景薰樓重視藝術家背景脈絡，「若知道其師承老師，便能推薦藝術家給藏家，也有尋根傳承的意味。

藝術投資成功案例

A：梵谷流浪100年

1890年，梵谷於1890年五月完成的最後一幅肖像畫「嘉舍醫師的畫像」之後以300法朗賣出，並歷經13位擁有者（2位富有的前衛藝術家、三位畫商、一位德國收藏家、一位博物館館長、一位納粹高層、一位是阿姆斯特丹銀行家及一位流亡海外的猶太富豪；時光荏苒 眼來到──1990年5月15日，紐約佳士得出現梵谷作品《嘉舍醫師的畫像》，原因是雷根總統於1986年頒行的新制讓收藏家不願再將藝術品捐贈給「非營利組織」。

　　「嘉舍醫師的畫像」起拍價是2000萬美元，落槌價是7500萬，加上佣金是8250萬美元，代理人是44歲日本畫商小林秀人（Hideto Kobayashi），真實的買家則是日本大昭和製紙株式會社的老闆榮譽董事長齊滕良平（Ryoel Saito），梵谷作品委託者實得7275萬美元！

　　有趣的是這件作品第二年即鬧「失蹤」，目前下落不明。

　　這件作品在拍賣排行榜上名列第一，直到2004年畢卡索的《抽煙斗的男孩》以一億零400萬美元，才打破這個紀錄。

B：最後的達文西

　　達文西《救世主》的奇幻旅程：

① 《救世主》作品委託者——法國國王路易12和他的王后布列塔尼的安妮

② 畫作年代——應該在1500年左右，略晚於《最後的晚餐》稍早於《蒙娜麗莎》

③ 從法國到英國——1625年，法國公主亨里埃塔‧瑪麗亞

（Henrietta Maria）嫁給英國國王——查理一世而《救世主》則是她的嫁妝。

④ 1651年《救世主》正式易主，作為王室財產被出售用來償還查理一世欠下的債務；價格僅30英鎊（扣除數百年的通貨膨脹因素，大概是現代的5800美元）

⑤ 1661年，查理二世登上王位，《救世主》回到皇家收藏。

⑥ 1763年，《救世主》再度易主，成為平民收藏家——約翰！普雷斯塔格以，2.10英鎊（相當於今日437美元）

⑦ 1900年，被一位鄉紳收藏，並被修復的面目全非。

⑧ 1958年，倫敦蘇富比拍賣會上拍，以45英鎊（今日約1400美元）

⑨ 2005年《救世主》出現於美國的一家區域性拍賣會，藝術經銷財團以1萬美元購得，並委請意大利文藝復興時期的藝術史家、達文西研究專家及高級文物保護專家合作，以歷史研究和最新的科技儀器來驗證真偽。

⑩ 2011年，英國倫敦國家美術館舉辦「達文西：米蘭宮廷

畫家」展出《救世主》！

⑪ 《救世主》原來的藝術商以8000萬賣出，伊芙‧布維爾（Yves Bouvier），再以1.27億美元賣給他的諮詢客戶——俄羅斯寡頭企業收藏大亨——德米特里‧雷波諾列夫，但他以價格過高提起刑事訴訟

⑫ 佳士得於2017年10月10日宣布將拍賣《救世主》並出版長達174頁的收藏版目錄，並有《最後的達文西》的宣傳視頻！

⑬ 2017年11月15日，經過19分鐘的競拍後《救世主》以4.5億美元超過1億美元的估價，成為地表最高價藝術品！

⑭ 2017年12月6日「紐約時報」宣布，確認沙特巴德王子為買家。

⑮ 2017年12月7日，英國「泰晤士報」證實沙特王儲穆罕默德才是真正的擁有者！

藝市學參考書60本

以藝市學為主軸的書：

❶ 《從馬內到曼哈頓——當代藝術市場的崛起》——彼得‧瓦森（典藏出版）

❶ 梵谷流浪一百年（新新聞出版）

❸ 藝術與名人——John A‧Walker（書林出版）

❹ 當代藝術商機——小山登美夫（商周出版）

❺ 《用零用錢，收藏當代藝術》——宮津大輔（原點出版）

❻ 《藝術創業論》——村上隆（商周出版）

❼ 《展覽的表裏》——古賀太（La Vie出版）

❽ 《蘇富比的早餐》Philip Hook（北京聯合出版社）

⑨ 《拍賣蘇富比》彼得‧瓦森（新新聞出版）

⑩ 《蘇富比超級拍賣師》——Simonde Pury（麥田出版）

⑪ 《騙倒買家》——肯‧麥雷尼（商周出版）

⑫ 《不存在的維梅爾》Jonathan Lopez（大家出版）

⑬ 《一個人的收藏》——姚謙（時報出版）

⑭ 《貝耶勒傳奇》——莫里（典藏出版）

⑮ 《蔡康永和買畫的朋友們》—— 蔡康永、陳冠宇合著
（Smart智富出版）

⑯ 《偽造的藝術》諾亞‧查尼（廣西美術出版社）

⑰ 《空畫框》賽門‧胡伯特（典藏出版）

⑱ 《藝術品的衰老》保羅‧尼古拉斯‧伯吉斯‧泰勒合著（浙
江大學出版社）

⑲ 《科學家與偽畫犯》埃及吉菌‧拉格爾（金城出版社）

⑳ 《李歐和他的圈子》——安妮‧科恩及索拉爾合著（典藏出
版）

㉑ 失落的藝術一諾亞‧查尼（上海人民美術出版社）

㉒ 橋的角色——畫廊風雲40年——劉煥獻（藝術家出版）

㉓ 藝術市場7日遊——莎拉・桑頓（時報出版）

㉔ 博物館學——弗德利希・瓦達荷西（五觀出版社）上下2冊

㉕ 文化新形象——露絲・溫斯勒（五觀出版）

㉖ 趙無極自畫像——梵思娃・馬凱（藝術家出版社）

㉗ 曾佑和作品集（國立歷史博物館出版）

㉘ 傳統中的現代——曾佑和（三民書局出版）

㉙ 博物館重要的事——史蒂芬・威爾（五觀出版社）

㉚ 如何培養優秀的導覽員——愛樂森・葛林德&蘇・麥考伊
（五觀出版社）

㉛ 西洋美術史綱要——李長俊（雄獅美術出版社）

㉜ 現代藝術，怎麼一回事——蘿絲・狄更斯（臉譜出版社）

㉝ 名家翰墨——李可染鑑定特集（翰墨軒出版）

㉞ 中國歷代畫派新論——李奇俊（藝術家出版）

㉟ 法國文化政策——傑赫德・莫里耶（五觀出版社）

㊱ 藏品維護手冊——美國史密斯機構出版（五觀出版社）

㊲ 文化行政管理前輩經驗談（國立歷史博物館出版）

㊳ 創造力的極限——村上隆（商周出版社）

㊴ 一日一頁藝術史——金榮淑（商周出版）

㊵ 博物館教育人員手冊——葛麗芬・塔柏伊（五觀出版社）

㊶ 集郵欣賞名畫——林良明（藝術家出版）

㊷ 用年表學藝術史——中村邦夫（楓書坊出版）

㊸ 當書法穿越唐朝——杜萌若（中信出版集團），書法的書上百本，但這一本最精彩、而且最有價值！

㊹ 朱德群傳——祖慰（霍克國際藝術出版社）

㊺ 鄉關何處——常玉的繪畫藝術——國立歷史博物館出版（常玉的書以這一本最標準）

㊻ 無線之網——草間彌生自傳（木馬文化出版）

㊼ 超越與永恆——羅丹與模特兒的隱情（新潮社出版）

㊽ 羅丹雕塑展（國立歷史博物館出版）

㊾ 人間漫步——楚戈2003創作大展作品集（國立國父紀念館編印）

㊿ 改變藝術的100個觀念——麥可・柏德（臉譜出版社）

(51) 曠世傑作的秘密（配合英國BBC出版的7張DVD）

(52) 達利的666個簽名——史坦・勞瑞森斯（先覺出版）

(53) 臺灣美術史辭典（國立歷史博物館出版）

(54) 在途中「21位俠女的藝術青春夢」——簡丹（田園城市出版社）

(55) 博物館這一行——喬治・艾里斯・博寇（五觀出版）

(56) 一人藝術無限公司——麗莎康頓（典藏出版）

(57) 喔，藝術和藝術家們——曾文泉（商周出版）

(58) 大收藏家——謝爾蓋・舒金和他失落傑作的故事（典藏出版）

(59) 最后的達文西——本・劉易斯（廣西師範大學出版社）

(60) 藝術收藏家手冊——瑪麗・羅澤爾（典藏2023年剛剛出爐）

〔附錄七〕

看電影學藝術

A、藝術家劇情片：

① 1946年《浮世繪大師歌磨和他的五個女人》

② 1953年《紅磨坊》羅特列克故事

③ 1965年《萬世千秋──痛苦與狂喜》米開朗基羅與西斯
汀大教堂

④ 1996年《巴斯基亞傳》美國塗鴉藝術家的短暫一生

⑤ 1996年《顛覆三度空間──我殺了安迪・沃霍》

⑥ 1996年《狂愛走一回》畢卡索50年代的愛情與創作

⑦ 1998年《紅色小提琴》拍賣公司醜聞記

⑧ 1998年《情迷畫色》英國大畫家法蘭西斯・培根的故事

⑨ 1998年《烈愛風雲》藝術家與藝術贊助者的故事

⑩ 1999年《天羅地網》藝術品與保險——收藏家的冒險

⑪ 1999年《王牌罪犯》電影描述林布蘭特海外借展被盜的經過

⑫ 2000年《金色情挑》收藏家的選擇

⑬ 2000年《蒙娜麗莎的微笑》旅英歸國的拍賣官（江口洋介）、修復師女友（葉月里緒菜）及銀行特派專員，共同揭發拍賣會背後不為人知的秘密

⑭ 2000年《波拉克》（美國抽象表現主義畫家波拉克的一生）

⑮ 2001年《風中新娘》維也納分離派畫家柯克西卡與音樂家馬勒遺孀——艾瑪的愛情故事

⑯ 2001年《熱情與冷靜之間》（藝術品修復師無法修復的愛情）

⑰ 2002年《畫舫璇宮》以新印象派秀拉「大傑特島的星期日下午」為場景而發展出的舞台劇

⑱ 2002年《渾灑烈愛》（墨西哥女畫家卡羅的故事）

⑲ 2003年《戴珍珠耳環的少女》（荷蘭畫家維梅爾的創作）

㉒ 2003年《穿風信子藍的少女》（維梅爾畫作的世紀流傳）

㉑ 2003年後印象派──《高更──尋找天堂》

㉒ 2004年《村之寫真集》為了留住家鄉之美，老攝影家在兒子的協助下完成心願

㉓ 2006年奧地利維也納分離派創始人《情慾克林姆──熾熱與放縱的一生》

㉔ 2007年《夜巡》荷蘭第一位國際大師──林布蘭特的畫作巡禮

㉕ 2007年《一代畫家卡拉瓦喬》天使與魔鬼的化身，黑夜降臨的天才

㉖ 2007年《光的畫家》──聖誕小屋，描述湯姆斯・金凱德的成名經過

㉗ 2008年《阿基里斯與龜》畫家真知壽的20世紀藝術流派體驗記

㉘ 2008年《羅浮宮謎情》洛可可大師華鐸的迷樣人生

㉙ 2008年《夏日時光》法國塞美術館贊助所拍攝的收藏品的歷史和歸宿

㉚ 2009年《達利與他的情人》超現實大師達利的故事

㉛ 2010年《梵谷：話語人生》

㉜ 2012年《馬內的繆思——印象派唯二女神莫莉索…》

㉝ 2012年《印象雷諾瓦》印象派大師的晚年情事

㉞ 2012年《藝術家與模特兒》

㉟ 2012年《贗品》由日本拍攝的偽作離奇故事

㊱ 2012年《神鬼追緝》西班牙知名收藏家以假冒藏品被偷，想要騙取保險費的偵探事件

㊲ 2013年《寂寞拍賣官》拍賣公司的經典語錄

㊳ 2013年《最後的卡密爾》世紀女性雕塑家竟在精神病院待上30年

㊴ 2014年《13個雪莉——現實的幻影》13幅愛華·霍普的絕世名畫串成一篇20世紀美國女性的獨立宣言

㊵ 2014年《夏卡爾與馬列維奇》俄羅斯2個大畫家的傳奇故事

㊶ 2014年《Mr.透納先生》英國浪漫主義影響印象派的特納的傳紀片

㊷ 2015年《蘇富比偽畫大師》完整偽作製作過程

㊸ 2015年《午夜巴黎》伍廸艾倫的穿越劇——描述美國知名收藏家葛楚·史坦在1910年在巴黎週末沙龍的收藏傳奇際遇

㊹ 2016年《匿名的畫作》即將退休的畫商意外於拍賣會撿漏——俄羅斯大畫家——列賓的驚喜經過

㊺ 2016年《寶拉》

㊻ 2016年《席勒——死神和少女》維也納分離派大師席勒短暫的一生

㊼ 2016年《我與塞尚》以一顆蘋果征服藝術界的塞尚人生

㊽ 2016年《藤田嗣治與乳白色的裸女》（巴黎畫派唯一日本籍Foujita的人生經歷）

㊾ 2017年《梵谷——星空之謎》這是一部動畫，以梵谷離世後一年，在梵谷生前最後接觸的朋友——翻轉我們對梵谷的認知…

㊿ 2017年《羅丹——上帝之手》紀念羅丹逝世100週年

(51) 2017年《高更——愛在他鄉》

㊾ 2017年《最後的肖像》

㊿ 2017年《計高一籌》探討藝術家是否離世以後畫作就會大漲？

54 2018年《永恆之門》

55 2019年《浮世畫家》

56 2019年《洛瑞&火柴男人》

57 2019年《燃燒女子的肖像》

58 2021年《北齋》日本浮世繪大師葛飾北齋的一生

59 2021年《最後的達文西》達文西「救世主」重回世人面前，並創造136億台幣的世紀傳奇

60 2023年《藝術恐佈分子——班克斯》最原汁原味的塗鴉藝術家班克斯精神

B、藝術教育影片：

❶ 《畫舫璇宮Sunday in the park with george》有關點描派畫作的電視音樂劇

❷ 《藝術精選I》莫內、畢卡索、林布蘭特

③ 《藝術精選II》羅丹、惠德勒、帕拉克

④ 《藝術精選III》從文藝復興到現代以耶穌為主的畫作

⑤ 《拜訪羅浮宮》羅浮宮名畫百張

⑥ 《拜訪凡爾賽宮》凡爾賽宮的歷史與名畫

⑦ 《西方藝術的黃金歲月1》米開朗基羅

⑧ 《西方藝術的黃金歲月2》達文西

⑨ 《西方藝術的黃金歲月3》拉斐爾

⑩ 《西方藝術的黃金歲月4》提香與威尼斯繪畫

⑪ 《西方藝術的黃金歲月5》文藝復興早期

⑫ 《西方藝術的黃金歲月6》帝國時期的藝術

⑬ 《畢卡索與公牛》畢卡索紀錄片

⑭ 《世紀藝術傑作欣賞（1-9集）》從經典建築到各國文化
遺跡，深入歐洲各畫派的賞析

⑮ 《藝術的力量》介紹八個藝術史上的大畫家其曠世巨作

⑯ 《名畫背後的秘密》介紹13張重要名畫的創作背景故事

⑰ 《畫中有話I-IV》跟著知名評論家一起深入七張名畫的起
源與秘辛

⑱ 《一分鐘看藝術I、II》一分鐘介紹一個藝術大師快速認識

名家

⑲ 《以藝術之名（1-8集）》從現代到當代深度探索台灣在地藝術家背後故事

⑳ 《曠世傑作的秘密》從文藝復興到現代藝術的名畫家深入探討

㉑ 《日本當代藝術I-IV》五位日本當代知名藝術家的隨身紀錄側拍

㉒ 《藝術獵豔》深入四位不同領域的藝術家的創作核心

㉓ 《從杜象到普普藝術》杜象、克萊因、安迪·沃荷三創作者的藝術新世界

㉔ 《中國當代藝術（1-4集）》中國當代快速的新崛起，其背後的起承轉合變化

㉕ 《普拉多百年誌》詳述西班牙普拉多美術館之由來，並有策展、運輸、修護及佈展之完整報導

㉖ 《偉大的現代藝術》將波那爾的名作「十字架受難」所隱含的眾多譬喻及色彩變化作完整分析

㉗ 《貝聿銘與蘇州新博物館》貝聿銘以85歲高齡，挑戰位

於「拙政園」、「獅子林」及「忠王府」三個古典園林中的一座現代美術館

㉘《話・畫清明上河圖》清朝1728年五位畫家，共同重現宋朝1125年張澤瑞所畫「清明上河圖」之緣由

㉙《莫內和他的朋友們》印象派代表畫家莫內和同時期畫家，如畢沙羅、雷諾瓦之作畫理念與生活

㉚奇美博物館出版《西洋美術500年》《西洋藝術大師專輯》《達文西密碼大剖析》《西洋博物館導覽》…總數超過百輯

㉛文建會出版過《台灣前輩藝術家》10輯

㉜國立台灣美術館出版過《臺灣資深藝術家》20輯及台灣傑出攝影家紀錄片6輯

㉝藝術史學者鄭治桂撰文推薦《世界八大博物館巡禮》

㉞探訪當代藝術家──從街頭到藝廊

㉟《印象派創建者》胡埃爾藝商的傳奇故事

藝術投資成功10個範例

❶ 常玉（1895-1966）《八尾金魚》，1997年──750萬台幣──2017年6.2億台幣

❷ 朱德群（1920-2014），1995年《藍色協奏曲》，50萬到2011年2000萬

❸ 周夢蝶，從無償贈與到380萬

❹ 趙無極（1921-2013），從新加坡大飯店100萬美元──台灣9,000萬台幣──香港19.9億台幣

❺ 楚戈，從無償贈與到50萬台幣

❻ 陳庭詩，從無償贈與到200萬台幣

⑦ 三毛的一封信，20萬台幣

⑧ 草間彌生（1929-），南瓜雕塑從2007年200萬台幣到2017
年的6000萬

⑨ 于右任（1879-1964）的書法，從無償贈與到2000萬

⑩ 曾佑和（1925-2017），30萬起跳——無窮潛力

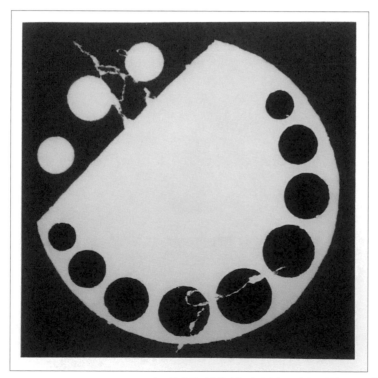

↑　陳庭詩《晝與夜》（圖片來源／陳庭詩基金會）

國際藝市學專用術語

國際藝術市場學專業術語解析:

提點一:藝市學──研究藝市學和純藝術史學者大不同?

提點二:「繪畫能力」是指藝術家經過努力可以取得的成果,但「找到自己的個性」及「色彩感覺」是基於藝術家本人自身的特質而自然產生的!

- 想法──能夠穩定產出質與量相當的想法能力
- 獨創性──通過感覺與研究,形成自己獨創性的能力
- 形狀儲備──腦中儲備大量形狀的能力
- 構圖的能力──視角廣闊,同時又能夠把握住整體的能力

- 型準能力——能夠快速找準對象形狀，並且能夠進行修正的能力
- 空間認知力——對立體感，光與影的理解能力
- 繪畫技術——線條質量穩定，能夠領悟繪畫技術的能力
- 完成作品的能力——持續的集中力與自我管理的能力

國際專業術語：

Ⓐ 按英文字母排列

1 Appropriation art 挪用藝術

這是描述當代藝術創作中的一種「藝術技巧」，由於涉嫌「原創性圖像」的挪用、操縱或轉換，這種方式游走於「概念藝術」

2 ADAA 美國藝術經紀人協會

- 這是美國主要的非營利藝術貿易協會，代表來自美國30個城市180個畫廊會員
- 創立於1962年，提議及第一任會長是Ralph Colin

- 包括馬諦斯的兒子──Pierre Matisse（1900-1989）都是早期成員

- ADAA每年3月在紐約公園大道舉辦「軍械庫藝博」！

③ AP（Artistp roof）法文 /（EA）

複數型原創作品，版數之外的藝術家保留版。

④ Catalogue Raisonne 生涯作品集

藝術家的畢生之作，包括作品 單（ 片）創作日期、出處或所有權的歷史、作品的材料品質和條件以及它的下落，是鑑定家及拍賣公司的瑰寶。

⑤ Curation 策 展 ＝ Content ＋ Context ＋ Comment ＋ Conclusion

策展＝內容＋賦予關係連結或上下文連結（這是策展的第一步）＋說出自己的看法或意見，帶領追隨者進入理解（這是策展的第二 ）如果策展人有更深的理解，能夠對於這個內容所形成的含義，給予明確的結論，那就是完整的策展。

把一個訊息，賦予關係，提出看法，並說出結論，就是策展！

⑥ Defective title 產權瑕疵

表示藝術品所有權方面有爭議，不管藝術品是偷盜還是被掠奪自合法所有者。

⑦ Fair Use 合理使用

屬於視覺藝術和藝術市場的美國法律用語，英國稱為Fair Dealing，用來藝評、新聞採訪、教育（包含大多數教室用的復印版）、學術研究的目的而合理使用受版權保護的作品，都不算是侵權行為；使用目的和性質，不是商業性質，而是非營利性的教育目的。

⑧ Fake 偽造

模仿或仿造原作，真正作品的風格，並出于欺騙目的而制作。

Forgery——也是指偽造藝術品，或偽造出處文件以支持假冒藝術品的行為。

⑨ Old Masters 古典大師、古典繪畫

並不是一個畫派，指文藝復興到19世紀中期意即「印象

派」之前的藝術家統稱。

🔟 Plein Painting 外光派

指巴比頌及印象派畫家在 外採用自然光做畫。

🔟 Waverley Rules 韋弗利規則

英國於1952年所制定限制文物出口的標準：

- 它是否與我們的歷史和國家生活如此緊密聯繫在一起，它的離開是否將是一個不幸！
- 它具有傑出的審美特性？
- 對於研究某個特定的藝術、 肓或歷史分支，它有重要的意義嗎？

Ⓑ 藝市學通用術語

被用來鑒定作品的真實性

1️⃣ Art crime 藝術犯罪

藝術犯罪泛指偷盜藝術品、仿造（包括仿造出處、保證書）、破壞及掠奪文物及其非法貿易！

最新的藝術犯罪包括以藝術品進行「金融詐騙」及「洗

錢」形式！

　　據估計　年的藝術犯罪值超過60億美元，2007年為促進對藝術和文化遺產犯罪的學術研究，成立了「反藝術犯罪研究協會」ARCA被用來鑒定作品的真實性

② Artinfo.com 藝術新聞網

- 藝市信息和藝術出版公司的網站
- 負責人是法籍加拿大企業家──路易斯・特里・布羅恩建立於2003年
- 這個網站提供藝術品銷售指數，在收購《藝術和拍賣》及《當代畫家》二本藝術　誌之後被用來鑒定作品的真實性

③ Art investment fund 藝術投資基金會

- art fund藝術投資基金會，藝術基金明確以購買藝術品而建立的投資工具
- 另外也有Artist pension trust於2016年併入Mutual Art Group，是一家專注於當代藝術的投資工具，旨在為其

國際策展團隊選擇的精選藝術家提供財務保障和國際曝光度。每位藝術家在20年中，捐贈其20件作品，每件作品有5000美元的建議底價。

4 ARR（Artist Resale Right）追續權

- 法文「DROIT DE SUITE」
- 轉售第二市場的作品要付給藝術家家屬（藝術家離世後的70年裏）*版稅*最少1000歐元，最高12500歐元
- 但蘇富比及佳士得反對。

5 artnet.com

- 1989年於德國成立，是信譽極高的藝術品價格數據庫。
- 創辦人：皮埃爾・塞內特（Pierre Sernet）
- 2014年增加新聞和功能板塊
- 現任總裁為雅克希・帕希斯特（Jacob Pabst）

6 artprice.com

- 1997年由互聯網企業家蒂里・艾爾曼所創建的法國藝術家數據和信息公司

- 2014年在紐約設立辦事處，擁有超過3000萬的指數和拍賣結果，函蓋全球50萬多名藝術家。
- 被認為是artnet及invaluable的主要競爭對手
- 目前公司位於法國南部里昂附近，並建立藝術市場的歷史檔案和數據庫

7 Auction Sniping 拍賣狙擊

- 在有時間限制的在線拍賣中，狙擊拍賣是一種將出價可能超過當前最高出價的出價盡可能晚（通常在拍賣結束前幾秒鐘）的做法，以使其他出價者沒有時間來擊敗狙擊手。
- 可以手動執行此操作，也可以通過投標者計算機上的軟件或在線狙擊服務執行此操作。
- 競價狙擊手是執行競價狙擊的人或軟件代理。

8 Blue-chip art assets 藍籌藝術資產

- 從傳統投資文化中借用的詞語
- 指藝術市場中具有「稀有性」「高價值」、「高品質」

「可投資性」的藝術品，具抗跌性！

9 BADA（British Antique Dealers' Association） 英國古董商協會

- 1918年成立於倫敦的專業貿易協會，鼓勵其成員遵守嚴格的商業行為規範
- 2015年開始為會員提供免收買方佣金的網上拍賣，位和主要拍賣行競爭，不會收取買方佣金

10 BAMF（British Art Market Federation） 英國藝術市場聯合會

- 1996年成立於倫敦，包含7850家藝商，為41420人提供就業機會。
- BAMF是藝術家轉授權ARR最有力的反對者之一

11 Brown furniture 棕色家具

- 意指高知名度的家具行庫存或拍賣行流標的一般般家具

12 Chandelier bidding 吊燈競價

- 拍賣活動術語，屬於「劇院表演」的一部份！

13 Cols Rouges 紅領

- 非官方、家族控制的、有私密的法國拍賣行運輸工人的壟斷聯盟
- 自1832-2009控制巴黎拍賣中心（Hôtel Drouot）的物流運輸業務。

14 Disintermediation 脫媒

- 干預已確定的商業流程，並以此來打破傳統上由中間人控制的傳統交易機制的過程被稱為脫媒
- 如藝術品直接從工作室到達收藏家手中，或通過社交網絡平台等方式來去除傳統拍賣行昂貴佣金及耗時。

15 Dutch Auction 荷蘭式拍賣

- 遞減式出價，第一個應價的得標

16 Freeport 自由港

- 儲存藝術品（資產）的高度安全倉儲，提供暫時延遲增值稅及海關關稅的場所

- 21世紀成為高淨值的收藏家、拍賣公司、大畫商的私密儲藏藝術品、金條⋯貴重資產的方式
- 目前更有配套服務，包括保險，修復⋯
- 日內瓦、盧森堡、摩納哥、新加坡，由於自由港有逃稅和洗錢疑慮，引發爭議！

⑰ Goldschmidt sale 戈德施密特拍賣會

- 蘇富比於1958年在倫敦為已故德國銀行家戈氏所收藏的7幅印象派畫作拍賣
- 這是確定夜拍地位及蘇富比決定在紐約設立辦事處的原因！

⑱ High Net Worth individuals 高淨值人士

- 指有超過100萬美元可投資「藝術品」，目前有1460萬人士，仍在持續增加中。
- 而淨資產超過3000萬美元以上者叫稱超高淨值人士。

⑲ Macy's 梅西百貨

- 1858年在紐約成立

- 1900已是全球最大
- 1942年梅西百貨第一個向其客戶推廣當代藝術的百貨商店

⑳ Mirror bidding 鏡像叫價

- 一種投標技巧
- 指兩個人在拍賣中為同一件拍品分開競價，目的是赫阻他人參加拍賣。

㉑ Naked 無擔保賣空

- 指在拍賣中沒有預先安排擔保的拍品。

㉒ No Reserve 無底價拍賣（簡稱 NR）

- 無底價拍賣（NoReserve）簡稱NR
- 也稱為絕對拍賣，是一種無論價格如何都將出售待售商品的拍賣。

㉓ Ravage 洗白

- 法語Ravalage指*清理*
- 這是將來路不明的藝術品通過拍賣會給予其出處*乾淨*

的健康記錄。

② Scullsale 史卡爾拍賣

- 1973年紐約蘇富比以紐約黃色Taxi大亨的收藏，在短短
  10年即大幅增值，此場拍賣會被認為是20世紀藝術市場
  進入當代市場的關鍵

㉕ Underbidder 第二名競標者

- 當第一名得標者未能付款，第二名可能會被邀請兌現他
  的最後一次投標，但第二名競標者可以拒絕。

㉖ White Glovesale 白手套交易

- 指的是每件拍品都售出的拍賣會
- 主持當場的拍賣官可獲贈白手套

〔附錄十〕

19-21世紀「藝術法規」

藝術法規釋要：

① 藝術家的真實定義

② 藝術品的三大定義及杜象的後藝術

③ 拍賣公司五大法規

④ 版畫的分類、發行件數、價格探討（兼論歷史博物館及誠品的常玉版畫）

⑤ 雕塑的發行要件

⑥ 攝影作品的價格如何判斷

⑦ 復數型原作藝術品的價值迷惘？藝術衍伸性商品的價格迷失！

⑧ 原創與再創，臨摹與再生

⑨ 藝術家的轉授權（Artist'sResaleRight簡稱ARR）（法語DroitdeSuite）（中文：追續權）

⑩ 藝術家的展覽權協議

一、藝術家的真實定義

◇ 藝術家的六大定義

① 畢業於美術科系，並以「藝術創作」為主要收入來源的藝術工作者

② 非科班出身，但每次辦展都能得到「藝評家」的關注並為其寫文章

③ 經常應邀和「重要藝術家」一起聯展

④ 畫廊長期經紀的畫家

⑤ 國際「藝博會」參展藝術家

⑥ 作品經常出現於有影響力的藝術媒體

⑦ 「拍賣會」經常上拍的藝術家

◎ **藝術家的五個排名定義**

① 藝術家Artist

② 重要藝術家Important Artist

③ 傑出藝術家Special Artist

④ 大師藝術家Master

⑤ 巨匠藝術家Grand Master

⑥ 天才型藝術家

◎ **大師定義：從藝術史的角度**

① **藝術家**——完成第一次個展，以賣畫為主要收入，獲得藝術家資格

② **重要藝術家**——已經建立自己的風格（脫離裝飾藝術家的市場陷阱），台灣地區大概有200名藝術家（包含油畫、水墨、書法、版畫、水彩、陶瓷及雕塑）所以有95%祇能稱得上藝術工作者。

③ **傑出藝術家**——除了原創還要有主體性，其人更具有誠實、善良之天性，如果具有教育之熱誠更佳，如：

  • 台灣之前輩藝術家——陳澄波、廖繼春、李仲生、陳

庭詩、鐘俊雄

- 資深藝術家——如蕭勤、江賢二、徐秀美
- 書法家——于右任、台靜農…及當代書法家董陽孜、杜忠誥、小魚
- 雕塑家——陳庭詩、朱銘、王秀杞、謝棟樑、李真
- 水墨畫家——渡海三家、歐豪年、鄭善禧、江兆申、楚戈、袁旃、羅青、于彭、袁金塔、李重重、吳士偉、彭康隆
- 版畫家——陳庭詩、廖修平、潘仁松
- 攝影家——郎靜山、柯錫杰、莊靈、李小鏡、郭英聲、林聲、陳贊雲、潘慧敏

↑　朱銘《二王一后》（圖片來源／中誠拍賣）

④ **大師級藝術家**——對世界藝術的發展有重大貢獻及影響力，華人有張大千、常玉、趙無極、朱德群、丁雄泉、陳蔭羆、曾佑和等；西方藝術史上，喬治歐姬芙、卡羅、夏卡爾、畢費、李希特、霍克尼、巴斯奇亞、草間彌生、村上隆

⑤ **巨匠藝術家**——如：達文西、杜勒、克利、康丁斯基、布朗庫西，荷蘭四個大師（林布蘭、維梅爾、梵谷及蒙德里安）法國的印象派畫家（馬內和莫內、塞尚、高更、梵谷）、羅丹，野獸派的馬諦斯、西班牙的畢卡索、米羅及達利，現成物大師杜象，滴流大匠波拉克，創意雕塑家布朗庫西及地景藝術家克里斯多夫婦、奧地利的克林姆、挪威的孟克、莫迪里亞尼、杜布菲、安迪沃荷……

⑥ **天才型藝術家**——西方：達文西、林布蘭、高第、克利、杜象。東方：常玉

◇ **藝術家的市場認證**

① 辨識度強影響力大

② 有畫廊代理

③ 每次展覽都有「藝評家」願意寫評論

④ 有固定藏家

⑤ 有二級市場的流通行情

⑥ 從區域化到全球化

◇ 藝術家的5＋5個力

① 觀察力及感受力

② 獨特的藝術思惟能力

③ 豐富的想像力

④ 驚人的記憶力

⑤ 精湛的藝術執行技巧

⑥ 源源不絕的原創性生命力

⑦ 高超的表現力

⑧ 統馭力

⑨ 藝術史的存在感

⑩ 承先啟後的傳承力

↑　廖文良《太極雞》（圖片
來源／長富珠寶）

二、藝術品的三大定義及杜象的後藝術

◆ 19 世紀以前藝術品的定義：

Ⓐ 純裝飾性（無實用性）

Ⓑ 非再生性（獨一無二）

Ⓒ 藝術家親手製作（不是工匠或工廠代製）

◆ 20 世紀以前藝術品的定義：

① 現成物——杜象（1887-1968）

② 後現代——安迪沃荷

③ 複數性（限量）精神——版畫、雕塑、攝影、陶瓷

◆ 21 世紀以前藝術品的定義：

① 理念型（外包藝術家——英國——達敏‧赫斯特、班克斯；日本——草間彌生、村上隆；美國——傑夫‧昆斯）

② 生產線（Kaws的小木偶、皮諾丘、草間彌生的南瓜）

③ 藝術衍生型——

- 無限量（或有限量，但限量很大）

- 無簽名（或簽名是直接印製，不是親筆）

- 無編號

三、拍賣公司五大法規

拍賣公司的五大特徵

❶ 委託寄售

❷ 公開出價競價成交

❸ 底價不公開原則（底價必須低於預估價）

❹ 拍賣品不保證原則

❺ 拍賣公司的對象是藝術品不是藝術家

四、版畫的分類、發行件數、價格探討（兼論歷史博物館及誠品的常玉版畫）

◆ 分類：

❶ 原創版畫

❷ 複製版畫

③ 後製（遺產）版畫

◆ **版畫種類**

① 木版（凸版）

② 銅版（凹版）

③ 石版（平板）

④ 絹版（網版）

⑤ 數位微噴

五、雕塑的發行要件

① 必須有藝術家與鑄造師二人的簽名

② 兩個年代——作品的創作年代/該件作品完成年代

③ 羅丹（1840-1917）所導因的「藝術法規」

◆ **影響雕塑品的價格因素有：**

① 雕塑家是否進入美術史

② 作品是否為各國美術館收藏

③ 雕塑的材質

④ 作品翻製的數量和尺寸

⑤ 作品是生前或去世後所鑄造（生前要高出30~40%）

⑥ 若由藝術家生前所進行的尺寸改變，也可視為原作

⑦ 從已塑鑄之原件再重新製模（surmoule）則不被視為原件

⑧ 國際雕塑限量為12件（1/8-8/8、EA有4件）

六、攝影作品的價格如何判斷

① Vintage（陳年攝影）

② Modern（近代攝影）

③ Estate（血緣關係）──創作者離世之後由子嗣代為處理

④ Trust（基金會託管）

七、複數型原作藝術品的價值迷惘？
藝術衍伸性商品的價格迷失！

◎ 複數藝術品的崛起

◆ **版畫（Print）**

　❶ 木版畫–緣起於中國

　❷ 石版畫及銅版畫——緣起於歐洲

　❸ 1960年維也納國際造型美術協會規定，版畫限定為100
　　張

　❹ 畫面左下角需有發行張數，右下角有作者簽名及年代

◆ **雕塑**

　❶ 立體藝術品，從羅丹開始國際間通行之數量為8件

　❷ 另可做4件EA（AP）版

◆ **攝影（6-30張）**

◆ **文創商品**

八、原創與再創，臨摹與再生

　　各畫派的創始人即是原創，跟隨者是再創，到羅浮宮對原
作是臨摹，如果只是應用其精神即是再生。

九、藝術家的轉授權

- 英文：Artist'sResaleRight簡稱ARR
- 法文：DroitdeSuite
- 中文：追續權

◆ 緣由

- 米勒（1814-1875）
  於1858年所創的
  作品「晚鐘」，在
  1889年被賣了55.3
  萬法郎，一年後更
  以75萬法郎轉賣，
  但他的家人仍生活
  在赤貧。
- 該稅從1920年一直
  在法國運作，被認
  為是「精神道德」

↑　彭光均《權》（圖片來源／帝圖拍賣）

或稱為「藝術家的道德權利」

- 但不適用於該作品第一次出售時運作方式：每一次轉售都要收1000歐元

- 2006年為了歐盟藝術市場標準化，曾想引入英國，但英國藝術市場聯合會（BAMF）反對

- 直到2011年美國也還尚未實施

- 2012年1月，英國同意。自藝術家去世後的70年裡，該制度適用藝術家的繼承人

- 藝術家的轉售權，目前在70個國家徵收，但紐約反對，蘇富比和佳士得也反對

十、藝術家的展覽權協議

❶ 每件作品最少要100歐元

❷ 最高不超過1000歐元

玩藝 139

小資藝術投資入門——
藝術投資水很深？
其實比你想的更簡單！

作　　者——黃河、Dr.Selena楊倩琳博士
封面照片提供——黃河、Smart M（大大學院）
責任編輯——周湘琦
特約編輯——張志文
攝　　影——李薇
美術設計——比比司設計工作室
行銷企劃——周湘琦
副總編輯——呂增娣
總 編 輯——周湘琦
董 事 長——趙政岷
出 版 者——時報文化出版企業股份有限公司
　　　　　　108019台北市和平西路三段240號2樓
　　　　　　發行專線　（02）2306-6842
　　　　　　讀者服務專線—0800-231-705（02）2304-7103
　　　　　　讀者服務傳真—（02）2304-6858
　　　　　　郵撥—19344724時報文化出版公司
　　　　　　信箱—10899臺北華江橋郵局第99信箱
時報悅讀網——http://www.readingtimes.com.tw
電子郵件信箱——yoho@readingtimes.com.tw
法律顧問——理律法律事務所　陳長文律師、李念祖律師
印　　刷——華展印刷有限公司
初版一刷——2024年1月19日
定　　價——台幣460元

小資藝術投資入門：藝術投資水很深？其實比你想的更
簡單！／黃河，Dr.Selena楊倩琳博士作. -- 初版. -- 臺
北市：時報文化出版企業股份有限公司，2024.01
　　面；　公分. --（玩藝；139）
ISBN 978-626-374-833-0（平裝）

1.CST：藝術市場　　2.CST：藝術品　　3.CST：投資

489.7　　　　　　　　　　　　112022684